青鸟童书

只做对得起时间的书

北京科技大学　北京科学学研究中心　专家审定

|全景手绘版|

孩子读得懂的
万物简史

◎ 狐狸眼林果 著　◎ 刘文杰 绘

北京理工大学出版社
BEIJING INSTITUTE OF TECHNOLOGY PRESS

目录

1 宇宙起源的传说

亲爱的小读者们，提起宇宙，你们的脑海中会浮现出什么样的景象呢？

漆黑深邃？漫无边际？的确，宇宙对于我们来说实在是太庞大了，人类现在所能认识和了解的全部范围也只是宇宙的一小部分而已。

在遥远的古代，充满智慧的人类祖先就已经开始探寻宇宙起源的秘密了；到如今，随着科技的进步，人们对宇宙的起源与演变也有了相对科学的诠释。今天，我们就从那些古老的神话传说开始，逐步去探索宇宙起源的秘密吧！

泰勒斯

地中海沿岸的古希腊被称为"西方文明的发源地"，那里的人们曾经创造出了丰富而灿烂的古文明，为人类留下了数不清的宝贵财富。从流传下来的古希腊**神话传说**中，我们可以了解到那时候的人们对宇宙起源的一些认识。

在古希腊神话中，宇宙之初只有混沌之神卡俄斯，接着诞生了作为众神之母的大地女神盖亚，盖亚先后生育了天空、海洋、山脉等神明，这些神明共同掌管着天地万物的运转，也因此成为宇宙的主宰者。从这些神话中我们可以看出，人们习惯用神灵解释神秘的超自然力量和现象。

中国古代的先民也创作出了独具特色的神话传说，来讲述华夏文明中对宇宙起源的探寻。在中国的神话中，宇宙原本是一片混沌，就像一颗大鸡蛋一样，只有盘古沉睡在里面。上万年过去了，突然有一天，盘古从睡梦中醒来，用一把神斧劈开了混沌，然后用自己的身躯支撑在天地之间。等到天地彻底分开后，疲惫的盘古倒下了，身体化作山川河流、花草树木……就这样造就了一个崭新的世界。

无定	气	火	水、火、土、气	原子

阿那克西曼德	阿那克西美尼	赫拉克利特	恩培多克勒	德谟克利特

随着社会的进步，人类的思想也逐渐变得深邃，**哲学**出现了。

古希腊时期是西方哲学发展的重要时期，也是哲学家对世界的本原问题探讨最为活跃的时期。哲学之父泰勒斯提出了"水是世界的本原"，继而有了后续哲学家提出的"无定说""气本原说""火本原说""四根说"和"原子论"等。

而中国在春秋战国时期也处于哲学发展的重要时期，不同的流派也提出了不同的世界本原观点。比如，道家认为世界的本原是一种虚无状态的"道"，由"道"再衍生出自然世界。

从现在的角度来看，这些观点都存在一定的局限性，但它们仍然是人类早期文明的重要体现。

除神话与哲学外，**宗教**理论中对宇宙起源也有独特的见解。

在世界三大宗教中，佛教的起源最早，对宇宙起源的论述有诸多有趣之处。佛教认为，宇宙是无穷无尽的，是由无数个小世界组成小千世界，而后组成大千世界，再由大千世界组成佛土，最终组成广袤的宇宙。而基督教和伊斯兰教则都认为宇宙是由上帝或真主创造出来的，并且还创造出了地球和人类。

如今，随着科技的飞速发展，人们对宇宙起源的认识有了很大的进步。我们不再认同神明创造宇宙的说法，而是运用**科学**的手段去寻找宇宙起源的依据。

目前最为公认的说法是"宇宙大爆炸学说"，这个学说认为：宇宙起源于 138 亿年前一个看不见的奇点，这个密度无限大、温度无限高的存在"嘭"的一下爆炸了，然后有了时间和空间。宇宙开始以极快的速度暴涨，一段时间后温度下降，物质开始出现。在引力的作用下，物质形成了星系等结构，经过 138 亿年不断演变，才逐渐变成了今天的样子。当然，这只是一个假设理论，如果人类想要真正解开宇宙起源之谜，还需要未来的科学家们共同努力。

2 探索太阳系大家族

小读者们知道吗？我们生活的这个星球叫地球。尽管对我们人类来说，地球已经大得无边无际了，但当我们将目光投向辽阔的宇宙，就会发现，地球不过是一个小小的行星而已，就像宇宙中一粒微不足道的尘埃一样。那么，地球在哪里呢？地球之外是否存在生命呢？其中又隐藏了怎样的秘密呢？今天，我们就一起来探索一下吧！

要想了解地球的身世，我们先要去探索一下它身后的大家族——太阳系。大约在 46 亿年前，宇宙中漂浮着许多星际物质的残骸，科学家称之为星云。其中，一个叫"原始太阳星云"的巨大星云在引力的作用下，发生了坍（tān）缩，形成了太阳系的雏形。之后又经过了漫长的时间，逐渐形成了今天我们所了解到的太阳系。

今天的太阳系大家族是由恒星太阳、8 颗公认的行星、5 颗目前能够观测到的矮行星、超过 140 颗卫星，以及无数的彗星和小行星等众多天体组成的。

我一颗卫星也没有，呜呜……

拓展
你知道吗？太阳系中不少行星都有**卫星**，月球就是地球的卫星。木星是太阳系中卫星数量最多的行星，截至目前，已发现的木星卫星多达 79 颗。而距离太阳最近的水星，因为太阳引力的影响，周围无法形成卫星。

在整个太阳当中，8 颗**行星**是非常重要的家族成员，按照距离太阳由近及远的顺序，太阳系的八大行星分别是水星、金星、地球、火星、木星、土星、天王星和海王星。

水星
八大行星中体积最小的一颗，甚至比不过木星和土星的一些卫星。

金星
地表以火山地貌为主，常年被浓密的云层笼罩，是天空中除太阳和月亮外最明亮的一颗星。

地球
目前发现的太阳系中唯一有生命存在的行星。

火星
目前人类最有希望实现移民的行星，地表广泛分布着的氧化铁导致它看起来呈红色。

木星
太阳系八大行星中体积最大、质量最大的气态巨行星。

土星
肉眼看上去呈土黄色，被一圈漂亮的光环环绕着，像顶草帽一样。

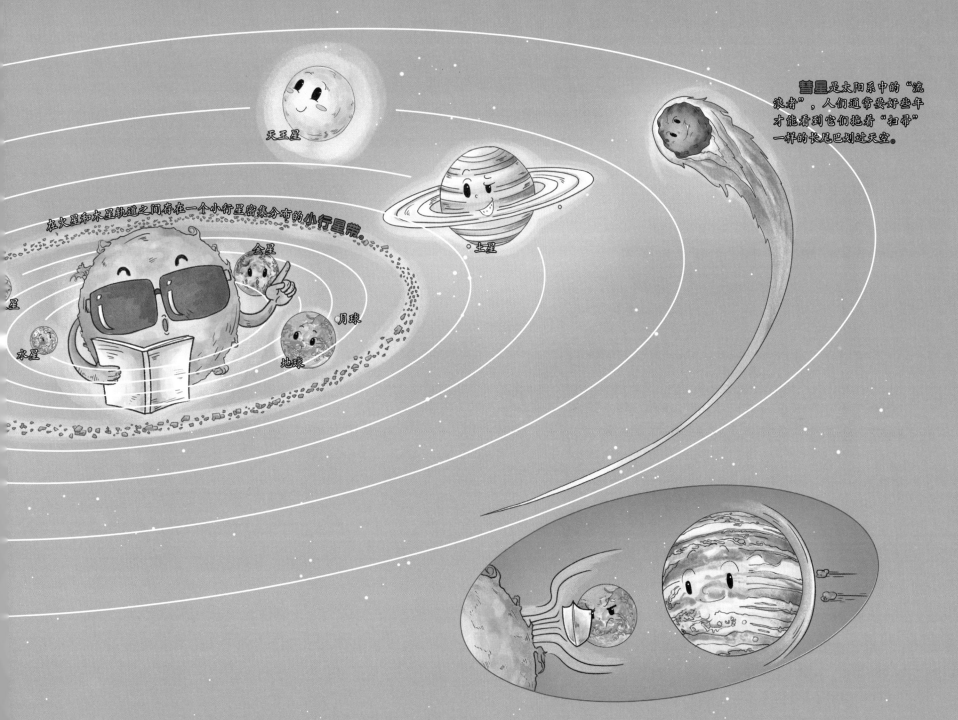

天王星

彗星是太阳系中的"流浪者"，人们通常要好些年才能看到它们拖着"扫帚"一样的长尾巴划过天空。

在火星和木星轨道之间存在一个小行星密集分布的小行星带。

金星

月球

土星

水星

地球

天王星

大气层中含有大量甲烷，它到地球的距离差不多等于地球到太阳的距离。

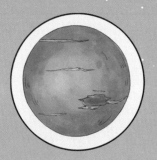

海王星

太阳系中距离太阳最远的一颗行星，地表温度最低可达－200℃。

作为目前已知太阳系中唯一拥有生命的天体，地球无疑是个"幸运儿"。它是太阳系中直径、质量和密度最大的类地行星；在太阳系由内及外的第三环上，日、地距离适中，地表温度适宜；有大量的液态水和保持地表温度稳定、避免地球生物直接接触太阳辐射的大气层；围绕太阳公转的同时会自西向东地自转，因而地球上有了昼夜交替和四季变化；天然卫星月球对地球的稳定也起了不可忽视的作用。

不仅如此，地球自带的地磁场就像一面盾牌，可以阻挡来自太阳的高能带电粒子流的猛烈袭击，保护我们免受紫外线的侵害。

此外，我们的好邻居木星老大哥也帮地球拦截了很多奔向太阳系内部的小行星，在很大程度上使得地球免受小行星的撞击。

① 约 46 亿年前，婴儿地球

在地球诞生之初，它就像是一个脾气不稳定的婴儿，是一个浑身喷发着高热岩浆的"火球"，这样的环境显然并不适宜生命存在。

啊——好热！好热！

② 约 44 亿年前，地球上有了水蒸气

随着时间的推移，地球终于在自身引力的作用下，变成了一个圆润、光滑的球体，不过地球上的物质很匮乏，几乎什么都没有。关于地球上水的来源，科学家们提出了一个假说——是彗星、小行星、陨石等天体撞击地球时"撞"出来的。这些天体上携带了许多地球上没有的物质，水就是其中之一。这些"远道而来"的天体，就像是一群提着水桶的消防员一样，源源不断地向地球输送水汽，一直到地球由一颗褐色的星球变成了一颗蓝色的星球。这些留在地球上的水形成了地球最初的水蒸气。

别怕，我们来送水啦！

谢谢！

３地球开始运动啦

我们的地球从诞生到今天，已经走过了 46 亿年的时间！在这漫长的时间里，地球都经历了哪些变化呢？

③ 约 40 亿年前，地壳开始形成

随着地球表面的高温逐渐冷却，在地核中愤怒燃烧的岩浆也平静了下来，逐渐在地核外面形成了一层坚硬的"壳"，被称为"地壳（qiào）"。

地球由我来守护！

黑色玄武岩地壳

④ 约 38 亿年前，原始大气和海洋形成

又过了亿万年，地壳慢慢变厚，在地壳薄弱处高温高压的岩浆喷发而出形成火山。这些火山喷出的气体让地球上空形成原始大气，大气层帮地球锁住了水蒸气。水蒸气冷却后便凝结成雨，降落到地表上。雨水长期累积在地表低洼处，就成了原始的海洋。

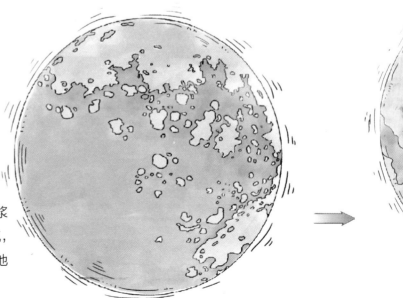

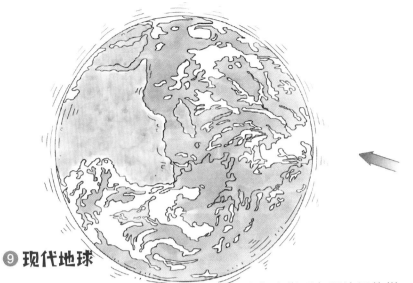

⑧ 积雪融化，河流诞生

喜马拉雅山脉形成之后，越长越高。海拔越高，气候越寒冷。高到一定程度后山顶就开始出现积雪。到了夏季，海拔相对较低的地区因为气温升高积雪开始融化，慢慢就形成了河流。印度河、恒河、雅鲁藏布江等都发源于喜马拉雅山脉。

世界上的大江大河，大都是由高海拔山脉的积雪融化形成的。我们的长江和黄河分别发源于青藏高原的唐古拉山脉和巴颜喀拉山脉。

这些山脉的积雪融水滋润了全世界，是人类不折不扣的母亲山脉。

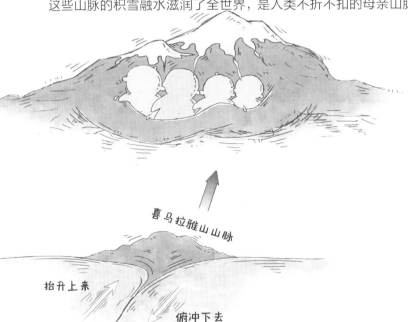

喜马拉雅山山脉

抬升上来

俯冲下去

⑨ 现代地球

地球经历了种种磨难，终手形成了我们人类现在所认识的样子——有陆地，有高山，有河流和湖泊，有一年四季，有万物生长……地球是我们的母亲，也是我们赖以生存的家园，所以，我们应该更加爱护它，珍惜它，让地球的美好一直延续下去！

拓展

你知道吗？提出"大陆漂移说"的德国地质学家魏格纳还曾提出一个有趣的猜想：远古时代的地球只有挤在一起的一整块大陆，名为"泛古陆"或"盘古大陆"，周围是辽阔的海洋。

⑦ 喜马拉雅山脉撞出来

4700多万年前，正在"搬家"的印度洋板块和欧亚板块不小心撞在了一起。这一撞不要紧，因为力气太大，直接将一座高耸的山脉给撞了出来！它后来成了全世界海拔最高的山脉，也就是大名鼎鼎的喜马拉雅山脉。

⑥ 板块漂移

尽管地壳已经钻出了海面，但是地核的威力仍在发挥作用。

在地核的影响下，钻出地壳的陆地又被地核的能量推着，在海面上开始移动起来。这时候的陆地和陆地之间，今天合并在一起，明天又悄悄地分开，一点也不安分。甚至直到今天，我们居住的陆地还在偷偷地给自己"搬家"。

⑤ 约 35 亿年前，出现了陆地的雏形

尽管有了地壳的阻隔，地核仍然在不断输出热量。巨大的热量让地壳产生了各种各样的挤压和变形，一部分地壳被挤压得钻出了海面，得以看到有阳光照射的世界。这些被挤出海面的地壳，就是我们所居住的陆地的雏形。

4 生命的起源

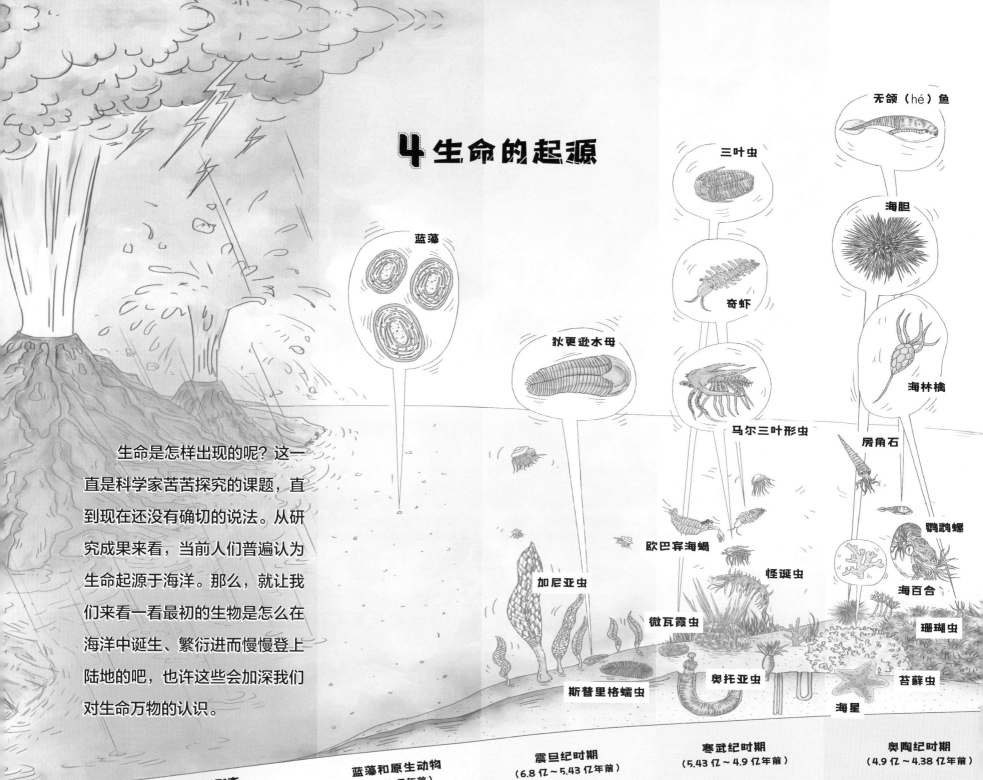

蓝藻

无颌（hé）鱼

三叶虫

海胆

奇虾

狄更逊水母

海林檎

马尔三叶形虫

房角石

欧巴宾海蝎

怪诞虫

鹦鹉螺

加尼亚虫

微瓦霞虫

海百合

珊瑚虫

斯普里格蠕虫

奥托亚虫

苔藓虫

海星

生命是怎样出现的呢？这一直是科学家苦苦探究的课题，直到现在还没有确切的说法。从研究成果来看，当前人们普遍认为生命起源于海洋。那么，就让我们来看一看最初的生物是怎么在海洋中诞生、繁衍进而慢慢登上陆地的吧，也许这些会加深我们对生命万物的认识。

生命的最初形态
（约35亿年前）

蓝藻和原生动物
（约31亿年前）

震旦纪时期
（6.8亿~5.43亿年前）

寒武纪时期
（5.43亿~4.9亿年前）

奥陶纪时期
（4.9亿~4.38亿年前）

海洋是生命的摇篮，大约在35亿年前，原始海洋中已经出现了生命的最初形态——原核生物，它们仅由一个细胞构成。

蓝藻是地球上最古老的原核生物之一，也可以说是最早的植物。它们已经有了叶绿素和名为"类囊体"的光合反应器，能够通过光合作用释放出氧气，这对地球表面大气环境改造起到了巨大的作用。

几乎同一时期，一些用显微镜才能看到的最早的原生动物也出现在了地球上。

这一时期，生物演化与前期相比要迅速得多，一大群多细胞的软体动物陆续出现，形成了以加尼亚虫、狄更逊水母和斯普里格蠕虫等为代表的多门类动物同时存在的繁荣景象。

这时候出现了首批大型无脊椎动物，包括三叶虫、奇虾、马尔三叶形虫、怪诞虫、欧巴宾海蝎、微瓦霞虫、奥托亚虫等。其中最常见的生物就是三叶虫，它也是寒武纪时期最有代表性的灭绝远古动物。

海洋中出现了最早的脊椎动物——无颌类，它们也是最早的鱼类。

除无颌类之外，奥陶纪的海洋中还生活着鹦鹉螺、海百合、珊瑚虫、苔藓虫、房角石、海胆、海星、海林檎等海洋生物。

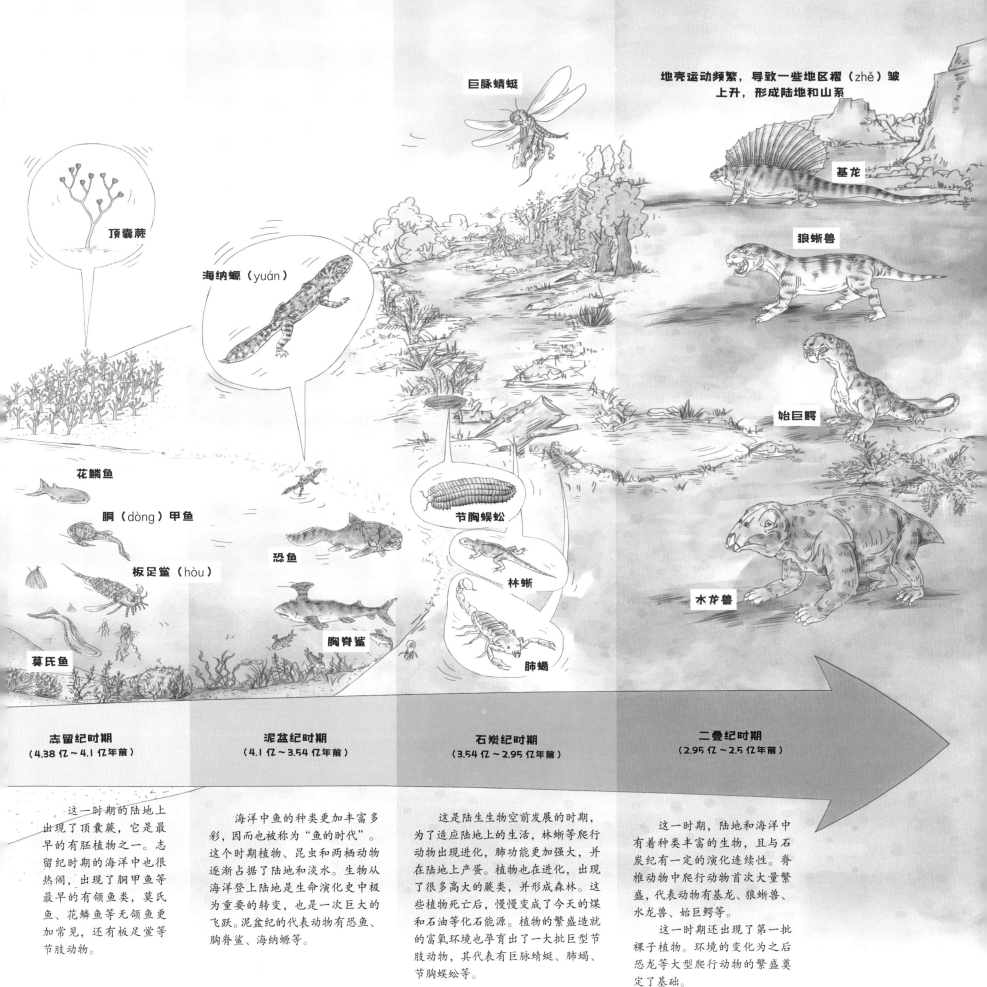

地壳运动频繁，导致一些地区褶（zhě）皱上升，形成陆地和山系

巨脉蜻蜓

基龙

狼蜥兽

顶囊蕨

海纳螈（yuán）

始巨鳄

花鳞鱼

胴（dòng）甲鱼

节胸蜈蚣

板足鲎（hòu）

恐鱼

林蜥

木炸兽

胸脊鲨

肺蝎

莫氏鱼

志留纪时期	泥盆纪时期	石炭纪时期	二叠纪时期
（4.38亿～4.1亿年前）	（4.1亿～3.54亿年前）	（3.54亿～2.95亿年前）	（2.95亿～2.5亿年前）

　　这一时期的陆地上出现了顶囊蕨，它是最早的有胚植物之一。志留纪时期的海洋中也很热闹，出现了胴甲鱼等最早的有颌鱼类，莫氏鱼、花鳞鱼等无颌鱼更加常见，还有板足鲎等节肢动物。

　　海洋中鱼的种类更加丰富多彩，因而也被称为"鱼的时代"。这个时期植物、昆虫和两栖动物逐渐占据了陆地和淡水。生物从海洋登上陆地是生命演化史中极为重要的转变，也是一次巨大的飞跃。泥盆纪的代表动物有恐鱼、胸脊鲨、海纳螈等。

　　这是陆生生物空前发展的时期，为了适应陆地上的生活，林蜥等爬行动物出现进化，肺功能更加强大，并在陆地上产蛋。植物也在进化，出现了很多高大的蕨类，并形成森林。这些植物死亡后，慢慢变成了今天的煤和石油等化石能源。植物的繁盛造就的富氧环境也孕育出了一大批巨型节肢动物，其代表有巨脉蜻蜓、肺蝎、节胸蜈蚣等。

　　这一时期，陆地和海洋中有着种类丰富的生物，且与石炭纪有一定的演化连续性。脊椎动物中爬行动物首次大量繁盛，代表动物有基龙、狼蜥兽、水龙兽、始巨鳄等。

　　这一时期还出现了第一批裸子植物。环境的变化为之后恐龙等大型爬行动物的繁盛奠定了基础。

5 恐龙和它的小伙伴去哪了

恐龙是生物史上最引人注目的已绝灭生物，它们在三叠纪末期由"鸟颈类主龙"演化而来，至白垩纪末期从地球上消失踪迹，这一期间它们发生了什么有趣的故事呢？

恐龙时代前的黎明

三叠纪时期（2.5亿~2.05亿年前），陆生爬行动物中出现了很多新的种类，其中的鸟颈类主龙逐渐演化出了一个新的族群——"恐龙形态类"爬行动物，它们中慢慢又演化出了恐龙，这段时期也被称为"恐龙时代前的黎明"。

翼龙：爬行动物演化出来的一个分支，有翅膀，能飞上天空。无齿翼龙是白垩纪末期的大型翼龙，因为头上有漂亮的冠饰而著名。

恐龙时代

侏罗纪（2.05亿~1.37亿年前）早期，恐龙就在地球上站稳了脚跟，成为当时的"小霸王"。到了白垩纪时期（1.37亿~0.65亿年前），更多的恐龙种类被演化出来，如头上长了角的三角龙、体形巨大的霸王龙等等。如此强势的"小霸王"群体，在地球上又发生了怎样的事情呢？

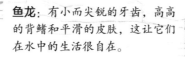

普尔塔龙：靠四足行走的蜥臀目恐龙，拥有宽阔的脊椎骨，可能是白垩纪最粗壮的恐龙了。

梁龙：侏罗纪末期生活在北美大陆上的一类巨型植食性恐龙。体长近30米，是地球上有史以来体长最长的陆生动物之一。

阿希利龙

已知最古老的恐龙形态类爬行动物，大约生活在2.4亿年前。

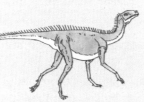

西里龙

目前人类研究程度最深的恐龙早期祖先，生活在约2.3亿年前。不过也有一些科学家认为西里龙不是恐龙，而是恐龙的近亲。

鱼龙：有小而尖锐的牙齿，高高的背鳍和平滑的皮肤，这让它们在水中的生活很自在。

异特龙：生活在侏罗纪末期，靠两足行走的肉食性恐龙。它们很聪明，经常用群体合作的方式攻击大型猎物。

始盗龙

被认为是最早的恐龙，它们生活在约2.3亿年前，是一种小型肉食动物，长约1.5米，能够两足行走。

沧龙：中生代海洋中最后的顶级掠食者，体长超过10米。

拓展

与恐龙大约生活在同一时期的还有很多大型动物，比如天上飞的翼龙，水里游的鱼龙、沧龙、蛇颈龙等，它们虽然名字里有"龙"，但在分类上并不是恐龙。

埃雷拉龙

生活在约2.3亿年前，是已知最早的肉食性恐龙之一。它们有锐利的牙齿、巨大的爪子和强有力的后肢。

蛇颈龙：头部较小，脖子很长，身体的灵活性强。体侧有4根宽大的侧鳍让它们方便划水。

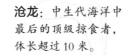

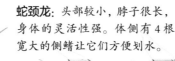

恐龙时代的绝唱

大约 6 500 万年前，恐龙和与它同一时代的很多大型生物忽然都从地球上销声匿迹了，科学家们推测，可能是有一颗小行星撞击了地球，引发了火山喷发、地震和海啸等一系列自然灾害。灾害导致地球上的气候剧变，食物链被破坏，大批物种从地球上消失了。这次物种灭绝事件也被称为"恐龙大灭绝"。

这次灭绝事件后，尽管绝大部分体形巨大的恐龙都已消失，但仍有一些小型恐龙凭借着体形小、跑得快等优势存活了下来。现在越来越多的研究表明，鸟类就是由某种小型恐龙演化而来的。我们也可以从始祖鸟、热河鸟、孔子鸟等早期有羽毛动物的化石上发现一些与恐龙相似的特征——翅膀末端有趾爪，尾巴有尾椎骨，有牙齿等。

叉龙：它的颈椎背侧有"Y"字形分叉的神经棘，是生活在侏罗纪末期的蜥臀目恐龙。

甲龙：活跃于白垩纪末期，有覆盖全身的甲板和棒槌似的大尾巴，也因为这些重型"装备"，它们身体笨重，行动缓慢。

大部分恐龙都在陆地上生活，有鸟臀目和蜥臀目两大类，这是根据恐龙腰臀部的骨骼构造来进行分类的。恐龙还可以根据吃食料的习性分为植食性恐龙和肉食性恐龙。

南方巨兽龙：比暴龙体形还要大的肉食性恐龙，锋利的牙齿是南方巨兽龙成为优秀猎食者的关键因素之一。

三角龙：活跃于白垩纪末期的植食性恐龙，头部的三根特（jī）角是它身上厉害的武器，能够起到很好的防御作用。

始祖鸟

热河鸟

暴龙：又名霸王龙，它巨大的头颅与细小的前肢形成了鲜明的对比，是知名度最高的肉食性恐龙，活跃于白垩纪末期。

孔子鸟

埃及棘龙：体形最大的陆地肉食性恐龙，生活在白垩纪，背部有明显的长棘。

拓 展

现代社会从哪里可以看到恐龙的影子呢？当然是恐龙化石啦。火山、地震等地质活动将恐龙的尸体掩埋进地层中，亿万年后它们变成化石并重见天日，被陈列在博物馆中，成为我们了解地球历史的一把钥匙。

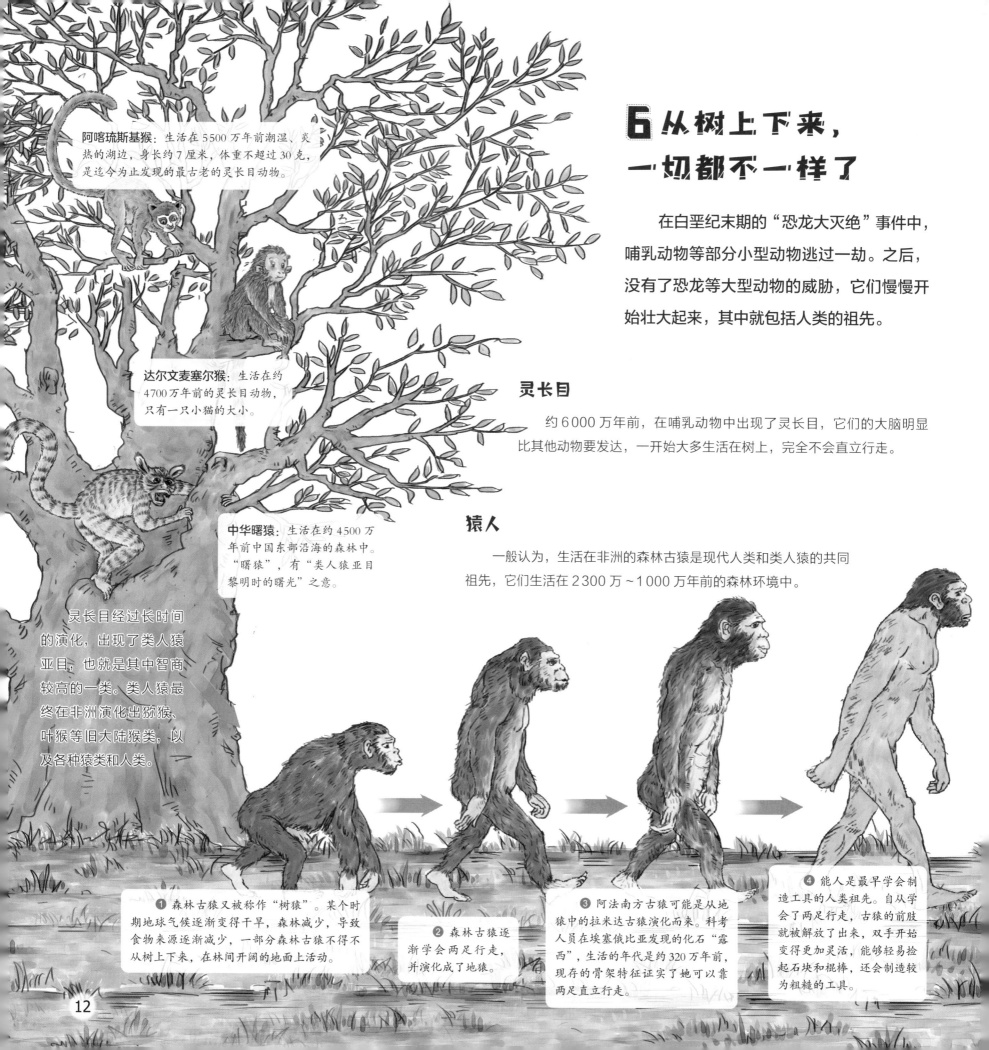

阿喀琉斯基猴：生活在 5500 万年前潮湿、炎热的湖边，身长约 7 厘米，体重不超过 30 克，是迄今为止发现的最古老的灵长目动物。

达尔文麦塞尔猴：生活在约 4700 万年前的灵长目动物，只有一只小猫的大小。

中华曙猿：生活在约 4500 万年前中国东部沿海的森林中。"曙猿"，有"类人猿亚目黎明时的曙光"之意。

灵长目经过长时间的演化，出现了类人猿亚目，也就是其中智商较高的一类。类人猿最终在非洲演化出猕猴、叶猴等旧大陆猴类，以及各种猿类和人类。

6 从树上下来，一切都不一样了

在白垩纪末期的"恐龙大灭绝"事件中，哺乳动物等部分小型动物逃过一劫。之后，没有了恐龙等大型动物的威胁，它们慢慢开始壮大起来，其中就包括人类的祖先。

灵长目

约 6000 万年前，在哺乳动物中出现了灵长目，它们的大脑明显比其他动物要发达，一开始大多生活在树上，完全不会直立行走。

猿人

一般认为，生活在非洲的森林古猿是现代人类和类人猿的共同祖先，它们生活在 2300 万～1000 万年前的森林环境中。

① 森林古猿又被称作"树猿"。某个时期地球气候逐渐变得干旱，森林减少，导致食物来源逐渐减少，一部分森林古猿不得不从树上下来，在林间开阔的地面上活动。

② 森林古猿逐渐学会两足行走，并演化成了地猿。

③ 阿法南方古猿可能是从地猿中的拉米达古猿演化而来。科考人员在埃塞俄比亚发现的化石"露西"，生活的年代是约 320 万年前，现存的骨架特征证实了她可以靠两足直立行走。

④ 能人是最早学会制造工具的人类祖先。自从学会了两足行走，古猿的前肢就被解放了出来，双手开始变得更加灵活，能够轻易捡起石块和棍棒，还会制造较为粗糙的工具。

狩猎

狩猎是人类演化过程中与大自然其他物种竞争的产物，也是人类获取食物的主要途径之一。有了工具之后，人类的狩猎活动更方便了。

艺术创作

史前时期的人们会在洞穴、岩壁上绘制马、牛等多种动物画，位于法国的拉斯科洞穴中保存着丰富、精彩的旧石器时代艺术作品。

制造工具

学会使用工具是人类演化的重要节点。迄今为止发现的最早的人造工具是在埃塞俄比亚发现的大约250万年前的石器。

学会用火

学会用火增强了人们适应自然的能力，对人类的生存演化至关重要。在北京周口店猿人遗址中发现了大量用火遗迹。

迁徙到世界各地的智人后代，随着时间的流逝，逐渐适应了当地的环境，并形成了现在的四大人种：蒙古人种（黄色人种）、尼格罗人种（黑色人种）、高加索人种（白色人种）和澳大利亚人种（棕色人种）。

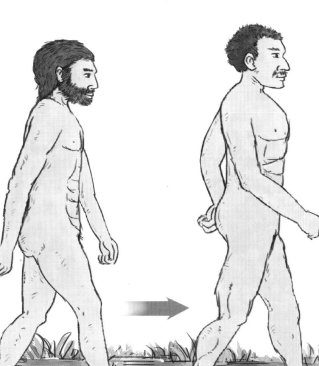

❺ 大约在180万年前，猿人直立行走的姿势已经非常完善了，因此他们被称为直立人，他们会用火和制造工具，不过还不会人工取火。在身体形态上出现了许多现代人类的特征，但还保留了一些猿类的特征，比如吻部前伸等。

❻ 智人的形态特征比直立人更为进步，早期智人已经学会了用燧石取火。

❼ 晚期智人的形态特征和现代人非常相似，那时候的智人已经掌握了多种计数方法，比如结绳计数。除此之外，还有了审美，开始进行一些艺术创作和制作一些装饰品，比如画岩画、做一些精致的石器和陶器等。

骨哨

弓箭

工具

工具的制作和使用是人类在劳动过程中走的"捷径"。早期的人类获取食物的方式还比较单一，以采集和渔猎为主，不过聪明的河姆渡人已经开始种植农作物和饲养小动物了，工具的发展也是围绕着这些方面。

石球

飞石索

拓展 ▸

在河姆渡遗址考古发掘中，发现了大量的生产、生活工具，其中骨器较多，还有石器、木器、陶器等。有狩猎用的骨哨、石球，捕鱼用的骨鱼镖、鱼叉、渔网，耕作用的骨镰，伐木建房会用到的石凿、石锛，还有炊煮饮食会用到的陶制釜、罐、盆、盘等。

一些器具上还雕刻了精美的动植物纹饰和图案，这说明当时的河姆渡人已经有了较高的艺术审美，并创造了灿烂的原始文化。

干栏式房屋

原始农业的发展促进了原始村落的形成。河姆渡人居住的是一种干栏式房屋，以竹木为主要建筑材料，上层住人，下层放养动物和堆放杂物。令人惊叹的是，那时候的河姆渡人已经会使用榫（sǔn）卯（mǎo）结构去连接和固定建筑物的构件了。

房屋下层饲养的动物，让人们获得了稳定的食物来源，畜牧业也慢慢产生了。

14

7 原始人的新技能

自从人类学会了用火，活动范围也在不断扩大，为了适应新的自然环境，人类开始不断学习新的技能和创造新的东西。今天，我们就以 7000 多年前生活在中国长江流域下游的河姆渡人为例，看看他们都学会了哪些技能，创造了什么好东西。

渔网

鱼叉

骨鱼镖

小船

河姆渡遗址中还出土过木船桨和陶舟形器，这说明 7000 多年前的河姆渡人就已经会制作舟船，能够驾驶舟船在水面上航行、捕鱼了。

种植水稻

在河姆渡遗址中出土了大量人工栽培的水稻遗物，还有为保存水稻而建的地下谷仓。这也证实了长江下游是亚洲稻的起源地之一。

那时候的河姆渡人已经学会了人工栽培水稻，并开始大面积种植，还学会了在谷物成熟之后收割、晾晒、脱粒、存储等一系列流程。从此以后，人们吃上了香喷喷的米饭，同时也促进了人类文明的发展。

金字塔是闻名世界的建筑奇迹，也是古埃及法老的陵寝。

尼罗河流域
古埃及文明

木乃伊是古埃及文明中充满神秘色彩的事物。古埃及人笃信人死后灵魂不会消亡，所以法老们死后会被制成木乃伊，送入金字塔的墓室中。

圣书体是古埃及人独特的象形文字，图画性很强。

尼罗河流域的古埃及文明

在干旱的非洲东北部，定期泛滥的尼罗河不仅提供了水源，还在两岸淤积了肥沃的土壤，使庄稼得以生长，人们得以安居。农业的发展，还促进了城市的兴起和商品的交换流通。古希腊历史学家曾把埃及称作是"尼罗河的赠礼"，认为是尼罗河带动了古埃及的繁荣与发展，进而形成了灿烂的古埃及文明。

⑧ 河流孕育人类文明

亲爱的小读者们，我们现在经常说起的四大文明，指的是美索不达米亚文明、古埃及文明、古印度文明和中华文明。这些文明全都发源于河流两岸，分别是两河流域、尼罗河流域、印度河流域、黄河和长江流域，因此河流也被称为"人类文明的摇篮"。

两河流域的美索不达米亚文明

被幼发拉底河和底格里斯河所滋养的美索不达米亚平原，曾是古巴比伦王国的所在地。在巴比伦王国之前，这片土地上还诞生了人类最早的文明——苏美尔文明。两河流域的人们在这里创造了最早的文字——楔（xiē）形文字，建造了精美绝伦的空中花园，还制定了第一部比较完备的成文法典——《汉谟拉比法典》……这些辉煌灿烂的成就对其他文明乃至整个人类文明的发展产生了深远的影响。

《**汉谟拉比法典**》的原文刻在一段黑色玄武岩石柱上，又名"石柱法"。

两河流域
美索不达米亚文明

空中花园相传是公元前6世纪的巴比伦国王为他患了"思乡病"的王妃所建，整个宫殿外种满奇珍异草，远看犹如花园悬在半空中。

楔形文字由苏美尔人所创，多是在泥板上刻画后烧制，线条笔直，就像木工用到的楔子。

黄河流域和长江流域的中华文明

黄河与长江是中华文明的"母亲河"。早在新石器时代，这两条河流沿岸就孕育了半坡和河姆渡等文明。后来，两条河流沿岸的文明经过上千年的交流与融合，逐渐形成了独特的中华文明。中华文明博大精深、绚烂多彩，在世界文明史上占有十分重要的地位，为推动人类社会的进步与发展做出了卓越的贡献。

甲骨文多是刻在龟甲、兽骨上，用来记事和占卜，被认为是中国已知最早的成体系文字系统。

长城是中国古代伟大的军事性防御工程，经过历代的加固增修，宛如一条长龙，盘旋在崇山峻岭之间。

指南针　**火药**

黄河流域和长江流域 **中华文明**

四大发明是我国古代劳动人民的智慧结晶，充分体现了中华民族的创造性，并对世界文明发展史产生了巨大的影响。

印刷术　**造纸术**

青铜器是中国古代文明的重要标志之一，后母戊大方鼎是目前存世的古代最重的青铜器，代表了高度发达的商代青铜文化。

拓展

你知道吗？人们常说的阿拉伯数字1、2、3、4、5……实际上起源于印度，后由阿拉伯人传入欧洲，进而传播到世界各地。

印度河流域的古印度文明

公元前4000年左右，印度河流域出现了很多城镇，继而发展为城市，其中最有代表性的就是哈拉帕和摩亨佐·达罗两座大城市。然而到公元前1700年左右，这里的文明突然消亡了，这让古印度文明充满了神秘的色彩，留下的印章文字至今仍然未能被破译。

摩亨佐·达罗城是世界上最早建立的城市之一，其考古遗址被作为文化遗产列入《世界遗产名录》。

佛教是古印度北部迦毗罗卫城的王子乔达摩·悉达多（释迦牟尼是教徒对他的尊称）所创，世界三大宗教之一。

印度河流域 **古印度文明**

大象是古印度很早就开始驯化的动物，象兵是古印度的重要兵种。印度也被称作"大象之国"。

印章文字是在哈拉帕等古印度文化遗址中发现的刻在石头、陶土或象牙制成的印章上的图形和文字。

9 我们说，我们写，我们画

语言是我们进行沟通交流的基本工具，文字是记录信息的载体，绘画是人们充满想象的另一个"世界"，它们都是人类文明的重要标志。你知道吗？早在几十万年前，人类就已经有了语言；几万年前，人类就开始在山壁上作画了。最早的象形文字就像图画一样，它们又是怎样演变成文字的呢？

最早的语言

通过口语进行交流，是人和其他动物最重要的区别之一。早期人类学家认为：随着人类的进化，大脑逐渐发达、发音器官逐渐完善，清晰语言的出现成为可能。

据考古学家推算：人类具备说话能力的时间最早可以推进到 30 万年前的智人时期，但那时候的人们只能说一些简单的语言，主要表达还是靠肢体动作来完成。

早期的艺术

早在几万年前，人类就开始进行艺术创作了。考古学家在南非的布隆伯斯洞穴中发现了 7.3 万年前的抽象画——一块画有 9 根交错红色线条的石块，这可能是人类历史上最早的抽象派画作。

而在法国南部的肖维岩洞中发现了 450 多幅大约 3.2 万年前的保存完好的彩色动物岩画，其中还包括一些已灭绝的动物，如猛犸象、洞狮等，洞穴壁画让我们看到了它们的真实面貌。

早期的记事方法

文字的产生要比语言和绘画晚得多，在文字产生之前，人类也有一些原始的记事方法，如堆石记事、结绳记事、契刻记事、图画记事等。

我们的祖先在很长一段时间里都使用结绳记事的方法，古籍中留下了"事大，大结其绳；事小，小结其绳"的记载。

除了结绳记事，人们还会用图像和符号代表各种事物，并把这些符号刻在陶器和龟甲上，其中一部分演变为后来的象形文字。在黄河流域的半坡遗址中就曾出土了许多刻着图符的陶器和碎陶片，专家统计后发现一共有 27 种符号。

（半坡遗址发现的 27 种刻画符号）

泥板经过烧制，可以长时间保存。

楔形文字

圣书体

早期的象形文字

经过长时间的积累，图画、符号等逐渐发展成了早期的象形文字。埃及的圣书体文字、苏美尔的楔形文字、古印度的印章文字以及中国的甲骨文，都是独立地从原始社会最简单的图画和花纹中变化出来的。这些象形文字最大的特点就是与其所代表的事物在形状上有一定相像之处。

印章文字

甲骨文

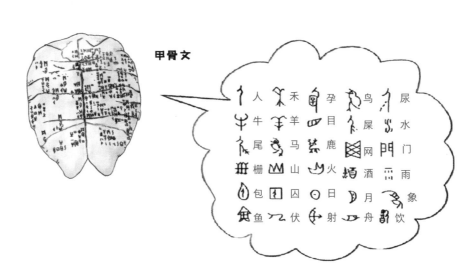

现代语言和文字

再后来，随着各个地区之间的交流和融合，语言和文字也在相互借鉴和影响。到如今全世界有超过 6000 种不同的语言，为了便于交流人们也会人为定义某种语言和文字作为一个地域的通用语言和文字。

中国是一个多民族、多语言、多文种的国家，有 56 个民族、130 多种语言、30 多种文字。而普通话和规范汉字是中国法定通用语言文字，也是中华民族通用的语言文字。

汉语还是全世界母语人口最多的语言，英语则是全世界使用最广泛的语言。汉语、英语、法语、俄语、阿拉伯语和西班牙语这 6 种语言还被列为联合国的工作语言。

在原始社会早期，人们的生产力水平低下，靠打猎和采集获取食物，有时候连肚子都填不饱，自然没有多余的东西去和别人交换，因此商业在这一时期更是无从谈起。

后来，由于生产力的不断提高，畜牧业慢慢从农业中分离出来，并有了专门从事农业生产和畜牧业生产的部落。部落之间都需要对方的剩余产品来满足自身的需求，在这种情况下，最初的商品交换就产生了。

10 从以物易物到网购的兴起

亲爱的小读者们，请你们仔细观察一下此刻身边的物品：桌子、椅子、台灯，包括你手上的这本书，思考一下，它们都是从哪里来的呢？答案一定是商场或网络购物平台。正是依靠商业的作用，我们才能便捷地获得生活中的这些物品。

其实，商业早在几千年前就出现了，从最早的物品交换，到后来的各种代币，再到现在的大型购物中心和电子网络购物……商业的发展经历了十分漫长的过程。接下来，就请小读者们跟随我们的画面，一起去看看商业的演变历程吧。

制陶　　纺织　　酿酒

到了原始社会后期，手工业也从农业中分离了出来，越来越多的人开始从事纺织、制陶、酿酒等职业。这些专职从事手工业的人，既不种植粮食，也不饲养牲畜，就需要用生产的手工产品去交换粮食。手工业的兴起，让物物交换频繁起来了。

当交易越来越频繁时，新的问题又产生了：很多时候人们很难恰好交换到自己想要的商品。甲有羊，想用羊换乙的盐，而乙想要的却是丙的小麦。所以为了换到自己想要的物品，甲就需要先用羊换小麦，再用小麦换取食盐，有时甚至需要多次连环交易，这使得商品交换的效率十分低下。

为了提高交易的效率，作为中间交换物的货币就诞生了。不管是什么商品，都可以先换成货币，再用货币去交换其他物品。

稀有的贝壳、宝石、沙金等不容易大量获取的物品都曾作为早期的货币使用。后来，这些货币或者因为不方便切割，或者因为不方便携带，都被淘汰了，就出现了金属货币和纸币等。

中国古代部分货币

赶集喽！

货币的出现进一步促进了商业的发展，还出现了专门从事物品交换的人和交易场所。四面八方的交易者赶到某个固定的地方进行交易，再返回自己住的地方。这些地方后来就逐渐形成了集市。

商品贸易的种类越来越多，范围也越来越大。人们还跨过海洋和陆地的阻隔，进行跨区域、跨国家的远距离大宗贸易。处在欧洲、亚洲、非洲交界地带的阿拉伯商人，经常带着货物往来于三大洲之间做生意。

茶叶 香料 棉花

大航海时代的到来和工业革命的兴起，将商业发展带入了新的发展模式。欧洲各国开始在全世界范围内寻找原料产地和市场，贸易发展日益全球化。

可可豆

到了现代社会，商业又有了新的模式，除超市、商场和集贸市场这些传统的商业场所之外，我们还能通过移动支付和便捷的物流等，在互联网上足不出户就买到自己想要的东西。商业的发展让我们的生活变得更加便利。

21

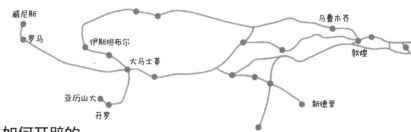

11 商路的开辟

商品贸易的发展自然离不开商路，接下来，我们来了解一下商路是如何开辟的。

在欧亚大陆，有一条长达 7000 千米的"路"。这条路东起长安（今陕西省西安市），经今天的阿富汗、伊朗、伊拉克、叙利亚等地到达地中海沿岸的古罗马一带，把亚洲和欧洲连接在一起。中国的丝绸是这条商路上最重要的商品，所以它被称为"丝绸之路"。

张骞出使西域

丝绸之路的开通起初并不是为了贸易，而是战争。

公元前 138 年，汉武帝派遣张骞出使西域，想要联合一个叫大月氏（zhī）的部族共同对抗匈奴。就这样，张骞带着百余名随从从都城长安出发，踏上了前往西域的征程。一路上的艰难困苦就不多说了，张骞用了十几年时间才克服重重险阻返回长安。他将途经西域各部族的见闻向汉武帝汇报，使汉武帝对西域有了具体的了解。

公元前 119 年，张骞率领着使团第二次出发了，这一次他带着金币、丝绸等财物出使西域，是为了让西域各部族见识一下汉朝的富足和强大。

他的这两次出使西域，促进了汉朝与西域部族之间的相互了解和往来，司马迁称之为"凿空"，意思是"开通大道"。张骞也被誉为"丝绸之路的开拓者"。

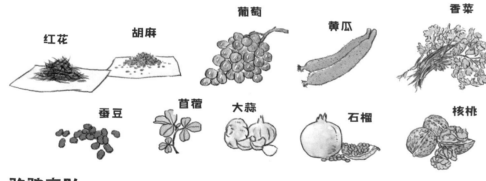

骆驼商队

丝绸之路开通之后，商人往来于丝绸之路上做生意，将东方的丝绸、漆器等货物运往中亚、西亚和欧洲，再把西域的核桃、葡萄、石榴、苜蓿、良种马、香料、宝石等货品运往中原。

在丝绸之路上，骆驼是最重要的交通工具。它们不仅能驮大量的货物，还很耐旱，被称为"沙漠之舟"。

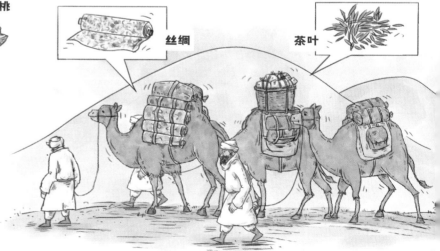

文化和技术交流

除商贸之外，丝绸之路还是重要的生产技术和文化交流的通道。

❶ 佛教

相传，佛教是沿着丝绸之路传入中国的。东汉时期，丝绸之路上出现了很多僧侣的身影。汉明帝时，洛阳还修建了白马寺，它是佛教传入中国后兴建的第一座官办寺院。

❷ 舞蹈

唐朝时，西域的疏勒乐、龟兹乐、高昌乐、胡旋舞、胡腾舞、拨头舞等已传入中原，轰动朝野，观看西域歌舞成为当时长安城最时髦的事。

❸ 四大发明

中国古代的四大发明——造纸术、指南针、火药、印刷术，也是通过丝绸之路由阿拉伯人传入欧洲的。

印刷术

火药

指南针

造纸术

敦煌莫高窟

敦煌作为必经之地，见证和传播了丝绸之路的辉煌。提到敦煌，马上就会让人想到莫高窟，那里不仅保存了大量中国古代以及西域的传统文化、艺术，更因其壁画与彩塑艺术的辉煌、内容的博大精深，得到了"世界艺术画廊""墙壁上的博物馆"等美誉。

拓展

海上丝绸之路和郑和下西洋

海上丝绸之路是陆上丝绸之路的延伸，兴起于汉代，唐代时发展成熟，在明代郑和下西洋时官方贸易达到巅峰，郑和的船队最远曾到过红海沿岸和非洲东海岸。

12 神奇岛屿和神奇动物

1835年,达尔文乘坐"小猎犬号"来到了太平洋东部的加拉帕戈斯群岛。岛上的神奇物种令他百思不得其解:不同岛屿上的象龟,外壳形状居然不一样;鸟雀根本不怕人,可以轻易被捕捉到;还有生活在海里的鬣(liè)蜥……这些动物的奇特习性使达尔文开始思考,并最终写成了影响世界的巨著《物种起源》。接下来,就让我们一起来认识一下这些神奇的动植物明星吧!

神奇的加拉帕戈斯群岛

❶ 海底火山持续喷发,喷发物堆积形成岛屿。

❷ 动植物机缘巧合下来到这里,在火山岛上安了家。

❸ 附近不断有新的岛屿形成,几座小岛不断生长并融合,变成了超级大岛。

❹ 也有的岛屿在生长过程中缓缓沉入海底,岛上的部分动物逃到附近的岛屿上。

❺ 经过几百万年的生长、消亡,变成了我们今天看到的由众多岛屿和岩礁组成的加拉帕戈斯群岛。

❻ 1835年,达尔文乘坐"小猎犬号"来到了这里,揭开了加拉帕戈斯群岛的神秘面纱。

加拉帕戈斯群岛仙人掌是这片岛屿上特有的植物,也是很多动物的主要食物来源。它们能够长到12米的高度,看上去就像一棵棵大树一样。

第一个出场的"动物明星"是这里的代言人:象龟,只听名字就仿佛看到了它们巨大的身形。加拉帕戈斯象龟是目前世界上最大的陆龟,体长可以达到1.2米,寿命长达200年。

第二位出场的"动物明星"是加拉帕戈斯陆鬣蜥。这些陆鬣蜥以仙人掌为食,体长可达1米,重逾13千克,看上去蠢萌蠢萌的。为了和岛上沙地、岩石的颜色"搭配",这些陆鬣蜥演化出土黄色或黑褐色的皮肤。

这里与世隔绝，封闭独立的环境使这里的动植物发展演化十分完整，也保存了许多当地特有的物种。

加拉帕戈斯群岛上的鸟类很多，**丽色军舰鸟**是最容易辨认的一种。因为它们的长相实在过于奇特，尤其是当它们的巨大红色喉囊完全充气时。不过，这种气囊只有雄性才有，这样可以更好地吸引异性。

第三位出场的"动物明星"是身形非常小巧的**加拉帕戈斯企鹅**。对，你没有听错，除了寒冷的南极，加拉帕戈斯群岛上也生活着一种企鹅，它们是唯一生活在赤道附近的野生企鹅。

在加拉帕戈斯不同的岛屿上，这些象龟的外貌也不尽相同。比如龟甲，有些是圆鼎形的，有些是马鞍形的。

接下来出场的**蓝脚鲣鸟**是这片岛屿上的"颜值担当"，蓝色的大脚、憨憨的表情、嘴喙上没有鼻孔，这些特点都让它们成为名副其实的"明星"。

陆鬣蜥的"兄弟"是**海鬣蜥**。它们的长相十分霸气，看上去像凶神恶煞一般。这里的海鬣蜥是唯一可以在海洋中生活的鬣蜥，和鱼类一样，它们能在海里自由自在地游弋，喝海水，吃海里的植物。

有一种螃蟹，就算不煮外壳也是红色的，它们叫**红石蟹**。生活在加拉帕戈斯群岛的红石蟹比较有趣的一点是，它们常常和海鬣蜥栖息在一起，还会帮海鬣蜥清理皮肤上的寄生虫。

25

短生植物

短命菊

在非洲的沙漠地区，气候干旱，少有降雨，所以生长在这里的许多植物只能快速地完成生长、开花、结果的生命历程，然后结出小小的种子来对抗沙漠中的酷暑，这一类植物被称为短生植物。

短生植物中的一个重要代表，就是生长在沙漠中的**短命菊**，它的生命周期只有短短的三周左右。这种花非常敏感，只要有一点点水分就会迅速开花生长，然后结出种子繁衍生息。因为它的生长时间太过短暂，所以被认为是"最可怜"的植物之一。

13 植物的一生

亲爱的小读者们，相信大家都学过这样一首古诗：离离原上草，一岁一枯荣。野火烧不尽，春风吹又生。意思就是，原野上的青草即使被野火所吞噬，也依然能在来年的春天重新绽放生机。在这首诗中还藏着另外一个知识，聪明的你发现了吗？那就是，小草的生命周期好像只有一年。

其实，不同植物的生命周期也不尽相同，有的就如诗中小草那样一年一枯荣，有的只能生存几个星期甚至更短，还有的则能够"长命百岁"。所以，今天我们就一起来探索一下，不同的植物究竟是如何度过它们或短暂或漫长的一生吧！

番茄

一年生植物

茄子

辣椒

玉米

生长在沙漠地区之外的植物们可就"幸运"多了，它们拥有充足的水源和阳光，生长环境相对适宜，生命周期也得以延长。一般来说，在我们日常生活中所能见到的草本植物，尤其是那些农作物，比如**玉米**、**水稻**、**辣椒**、**番茄**、**茄子**等，大多数的生命周期都是一年，因此它们又被称为一年生植物。

古诗"春种一粒粟，秋收万颗子"，描述的就是粮食作物经历了"春种秋收"，在一年的时间内完成生长的过程。

与草本植物相对应的是木本植物。通常情况下，木本植物的生命周期可以长达好几年，所以它们也被称为多年生植物。

多年生木本植物有各种各样的形态，有的长得"人高马大"，有的则非常矮小。矮小的多年生木本植物也叫灌木，常见的**茶树**、**月季**、**木槿**等都属于灌木。由于"身材"矮小，灌木一般都生长在平地，有些喜欢"乘凉"的灌木还会生长在高大的乔木下面，以躲避阳光的直晒。

接下来，我们来认识一下树木中"人高马大"的乔木。乔木指的是那些身形高大，且具有明显的树干和树冠的木本植物。

乔木的生长周期长达数年，一些特殊种类的乔木甚至能够"长命百岁"。根据冬季落不落叶，乔木还被分为落叶乔木和常绿乔木。典型的落叶乔木有**梧桐树**、**山楂树**、**梨树**等，每到秋冬季节叶子就会脱落，它们主要分布在气候偏冷的中高纬度地区，有些落叶乔木还生长在海拔较高的山上。常绿乔木的分布范围比较广，常绿阔叶树多生长在纬度较低、气候温暖的热带和亚热带地区，代表树种有**樟树**等；常绿针叶树广泛分布于温带和寒带地区，代表树种有松树、柏树、杉树等。常绿乔木四季都有落叶，但同时又有新叶再生，所以四季都呈现出绿油油的状态。

最后，隆重介绍一下植物界的"老寿星"——**云杉**。云杉是最长寿的植物之一，也是乔木的一种。目前发现的最古老的一棵云杉树已经有 9 500 多岁的高龄，是名副其实的"长寿老人"。

云杉还非常能"吃苦耐劳"，可以生长在高海拔地区，能够经受住寒冷、干燥等恶劣环境的考验。当然了，也正是因为这些特性，云杉树才可以做到"长命千岁"。

水稻

梧桐树

山楂树

云杉

茶树

梨树

樟树

月季　多年生植物　木槿

27

首先，我们要了解的是一种在中国东南沿海地区十分常见的自然灾害——台风。台风是热带气旋中最强烈的一种，热带气旋是发生在副热带或热带洋面上的低压涡旋，气旋中心风力达到 12 级时为台风。

台风犹如一个海上怪兽，它的力量足以毁坏房屋、地面和桥梁，在台风发生时，还常常伴有大暴雨和风暴潮，给人类安全造成巨大威胁。

在山区等地形复杂、险峻的地区，暴雨等气象灾害经常会引发**山体滑坡**，形成由水、泥沙和石块等组成的泥石流。

泥石流一般发生在土质松散的山谷地带，具有暴发突然、来势凶猛、破坏力大等特点，常常会造成道路坍塌和人员伤亡。因此，保护山地环境、保持水土显得尤为重要。

14 自然灾害大揭秘

当我们收看《新闻联播》的时候，经常会看到这样的播报，某个地区突然发生了洪水、泥石流等自然灾害，使人们的生命和财产安全遭受了损失。针对这些会给人们的生活带来恶劣影响的自然灾害，人们运用气象卫星、气象雷达等对灾害指标实行全天候监测，提前做好应急防范工作，也就是进行天气预报。

在这一节中，我们将一起了解一些常见的气象灾害及其预警标志。

提起**冰雹**这一自然灾害，可能会有小读者误以为它是发生在冬天的气象灾害。但实际上，冰雹经常出现在夏季，通常是由于强对流天气造成的。根据对流天气的强弱，冰雹的大小也会有所不同，如果遇到较为恶劣的情况，冰雹甚至可以形成鸡蛋大小，这种情况会对农业和人畜安全造成严重威胁。

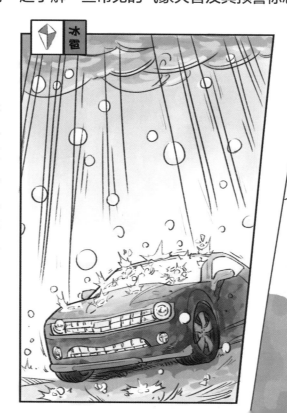

雷暴是热带和温带地区常见的局地性强对流天气，往往伴有强风、雷击、闪电和大雨。在我国，炎热的夏季或春夏之交常发生雷暴。我们经常能看到一些建筑物的楼顶上安装有避雷针，这就是为了保护建筑物免遭雷击的侵害。

洪水是一种由暴雨、急速冰雪融化和风暴潮等极端天气引起的水位上涨、超过常规水位的水流现象，经常发生在沿河、湖滨和近海地区，淹没房屋和庄稼，给人们的生命财产安全造成威胁。

降水过多容易导致洪水，可是当降雨量稀少时，又会出现土壤中水分不足、作物减产甚至枯萎、淡水供应不足等状况，这种气象灾害被称作干旱。干旱不仅会给人们的生活带来不便，给农业生产带来巨大的损失，还会造成水资源短缺、荒漠化加剧、沙尘暴频发等诸多生态和环境问题。

森林地区如果出现持续干旱，还容易引发**森林火灾**，森林火灾一旦发生就很难控制和扑灭。大火不仅会烧毁大量树木，还会破坏鸟兽的栖息环境，引起水土流失，危害十分巨大。所以，我们大家如果去森林游玩，一定要做好森林防火，不把火源带进森林，不在森林中随意生火。

持续干旱除了会引发火灾，还会导致**沙尘暴**的出现。

沙尘暴是一种发生在干旱和半干旱地区的气象灾害，由强风刮起地表的沙土和尘埃形成，所到之处遮天蔽日，严重影响人们的正常生活。

在沙尘暴到来之前，气象工作人员也会做出预警，但预警只能在一定程度上降低这一灾害带来的风险，预防沙尘暴真正有效的办法还是植树造林、防风固沙，保护好现有的草原和森林等植被。

29

15 小水滴的旅行

如果我们从太空俯瞰地球，就会看见地球整体呈碧蓝色，聪明的你知道这是为什么吗？

这是因为地球的表面 70% 都被水所覆盖，所以我们共同居住的家园其实是一颗名副其实的"水球"。不过，地球表面的水并不平静，它们就如一群顽皮的孩子一样，无时无刻不处于运动之中，它们的旅程构建了地球的水循环系统。接下来，就让我们跟随这些小水滴的脚步，一起去看看它们的旅程吧。

大陆表面的水分在太阳照射下会产生水蒸气，水蒸气在上空凝结形成降水，叫作内部水汽降水。这些降水的一部分落到地面上之后，会沿着斜坡形成漫流，最终回归到江河湖泊的"怀抱"，这样的水流我们称之为地表径流。

水滴在陆地上空、陆地表面和江河湖泊间的旅程就叫作"陆地内循环"。

一部分爱冒险的小水滴，以降水的形态从大气中落到地面之后，会迅速渗入地下，形成地下水。

蒸腾作用是水分从活的植物表面以水蒸气的形式散发到大气中的过程，也是大气中水分的重要来源之一。

地下水也叫地下径流、地下河，位于地下蓄水层，是十分重要的淡水资源，可以用来作为生活用水、工业用水和农业用水。水井就是常见的提取地下水的渠道。地下径流通过雨水、河道流量、湖泊与水库等水源下渗进行补充。

水循环

地球上第二大贮水站是以固体形式贮存水的冰盖和冰帽。冰盖是一种覆盖面积超过 50 000 平方千米的大陆冰川。目前地球上只有南极洲和格陵兰岛有冰盖。冰帽的面积不如冰盖大，覆盖面积小于 50 000 平方千米，多分布在一些高原和岛屿上。

来到这些地方的小水滴，因为气温过低，成为终年不化的冰川的一部分，旅程也就到此为止啦。

海洋的确是地球上最大的贮水站，占地球总含水量的 97%。小水滴旅行到这里后会稍作休息，一部分会长期驻留在这里，而另一部分会再开始新的旅程。它们通过蒸发，借助海陆风的力量到达陆地上空形成降水，而小水滴们也通过这个过程组成了水的海陆间循环，开启它们新一轮的旅行。

除消耗的部分和被冰封在高山地区的小水滴之外，地表水和地下水最终都要汇入海洋。大海就是其他水滴旅行的终点站。

拓展

节约用水，从我做起

看完了小水滴们的旅行，你是不是知道了地球上水资源是如何循环的啦？不过，地球上的水资源虽然十分丰富，但淡水资源却只占其中的 2.5%。而其中又有将近 70% 的淡水资源被封存在南极和格陵兰岛的冰层中，无法被人类利用。能直接被人类利用的淡水资源不到地球总水量的 1%。所以，小读者们一定要养成节约用水的好习惯。

16 受伤的"地球之肺"

亚马孙雨林一直有"地球之肺"的美称，对地球这个庞大的生态系统起到十分重要的作用。和人类的肺相反，地球的"肺"可以吸收二氧化碳、释放氧气，是地球氧气一大重要来源。然而，如此重要的"地球之肺"却在遭受着日益严重的破坏。今天，我们就一起前往南美洲的亚马孙平原，去看一看那片如"地球之肺"般珍贵的热带雨林，究竟是一幅怎样的景象。

亚马孙雨林里有一些特别的"住户"，比如亚马孙河豚、食人鱼、铁西瓜、金刚鹦鹉、美洲豹等。它们很多是亚马孙地区的特有物种，这里也是它们快乐的家。

横穿亚马孙雨林的这条河流名叫亚马孙河，是世界流量最大、长度第二的河流，流域面积占南美洲大陆面积的40%，占世界河流流量的20%，有1.5万条支流。它为亚马孙雨林送去水源的滋养，让这片森林得以旺盛生长。

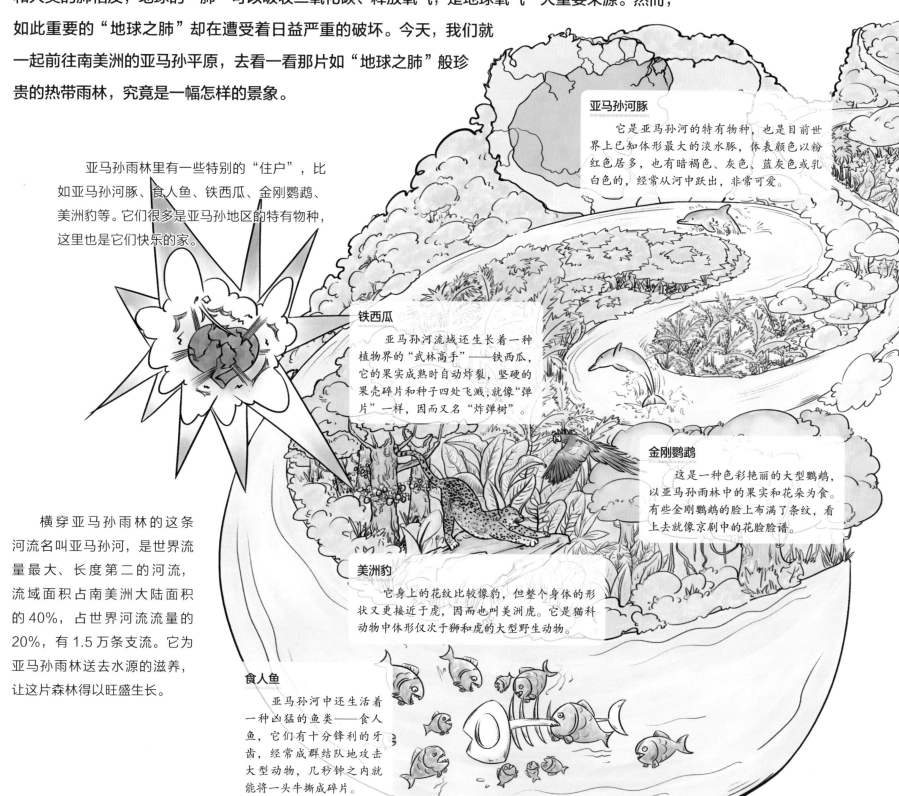

亚马孙河豚

它是亚马孙河的特有物种，也是目前世界上已知体形最大的淡水豚，体表颜色以粉红色居多，也有暗褐色、灰色、蓝灰色或乳白色的，经常从河中跃出，非常可爱。

铁西瓜

亚马孙河流域还生长着一种植物界的"武林高手"——铁西瓜，它的果实成熟时自动炸裂，坚硬的果壳碎片和种子四处飞溅，就像"弹片"一样，因而又名"炸弹树"。

金刚鹦鹉

这是一种色彩艳丽的大型鹦鹉，以亚马孙雨林中的果实和花朵为食。有些金刚鹦鹉的脸上布满了条纹，看上去就像京剧中的花脸脸谱。

美洲豹

它身上的花纹比较像豹，但整个身体的形状又更接近于虎，因而也叫美洲虎。它是猫科动物中体形仅次于狮和虎的大型野生动物。

食人鱼

亚马孙河中还生活着一种凶猛的鱼类——食人鱼，它们有十分锋利的牙齿，经常成群结队地攻击大型动物，几秒钟之内就能将一头牛撕成碎片。

亚马孙雨林是全世界面积最大的热带雨林，它位于南美洲的亚马孙平原。这片热带雨林中生长着各种各样的植物，也是许许多多小动物们赖以生存的家园。这片茂盛的森林总面积是全球森林面积的 20%，为地球生态系统的正常运转做出了巨大的贡献，无愧于"地球之肺"的美称。

这片茂密的热带雨林，不仅为动植物提供了天然的"旅馆"，还发挥了"地球之肺"的作用。雨林中的树木可以通过光合作用，释放出大量的氧气，同时还可以把空气中的二氧化碳转化成碳水化合物，储存在植物体内或者土壤中，进而减少空气中的温室气体。由此可见，在调节地球气候方面，热带雨林功不可没。

雨林大火

2019 年 1—8 月，亚马孙雨林地区森林火灾频发，超过 80 万公顷的雨林被烧毁，引起了国际社会的广泛关注。

全球气候变暖

亚马孙雨林的大火不仅破坏了物种的栖息地，还对全球环境造成了严重影响，使得一氧化碳和二氧化碳的排放量明显飙升，"地球之肺"千疮百孔。

火灾中可怜的动植物

森林大火还造成了大量动植物死亡，生态链被打破。幸存下来的小动物们，其自然栖息地也完全被破坏，觅食极其艰难。

然而，作用如此巨大的地球之肺，却因为人类的贪婪而遭到严重的破坏。从 20 世纪 60 年代开始，随着巴西人口的迅速增长，人们开始砍伐树木、开辟农场，雨林面积迅速减少。仅 1990 年至 2000 年的短短 10 年间，亚马孙雨林被损毁的面积就超过 1720 万公顷。

"地球之肺"因为人类的行为而变得伤痕累累，人类自身也受到了大自然的惩罚。由于热带雨林面积的锐减，导致地球上的降水量减少，气候变得越来越干旱。2005 年，亚马孙地区经历了 100 年以来最严重的干旱，火灾频发。干旱和火灾继续加剧雨林的消亡，形成恶性循环。

所以，为了守护好我们共同的地球家园，我们必须行动起来，保护"地球之肺"，让亚马孙雨林重获绿色生机。

保护雨林 以我做起

少用一次性 木制品

不购买 雨林植物 制品

提倡 "光盘行动"， 节约粮食

17 地球之肾——湿地

你听说过"地球之肾"吗？它就是湿地。湿地由土地、水、植物、动物及微生物等自然要素构成，和森林、海洋一起被称为地球三大生态系统。

在我们生活的这颗蓝色星球上，除了南极地区还没有发现湿地以外，其余各地都有湿地分布。湿地不仅可以调节小范围气候、缓解自然灾害，也给许多生物提供了栖息地和丰富的食物，是大自然赐予我们的宝贵财富。

地球之肾

湿地仿佛是一个天然的过滤器，可以沉淀和排除流水中的有毒物质和杂质，净化水质。沼泽地、泥炭地、湖泊、河流、海滩和盐沼等都是天然的湿地，生长在其中的水生植物能够吸收大量的二氧化碳气体，放出氧气；一些植物还能够吸收空气中的有害气体，调节大气，因而湿地有"地球之肾"的美称。

白鹭

香蒲

大鸨（bǎo）

水花生

野姜花

青蛙

34

草根层的水循环

  湿地最大的特点就是地表经常积水，水面以下还有几十厘米厚的草根层，它们疏松多孔，不仅能储蓄大量水分，还能通过植物蒸腾和水分蒸发，把水汽源源不断地送到大气中去。

丹顶鹤

芦苇

湿地动物

  湿地水源充足、食物丰富，许许多多的动物都选择在这里安家。鱼、虾、蟹等水产动物就不用说了，两栖类的青蛙和蟾蜍，哺乳类的水獭等都是湿地里的常住居民。

  湿地还被称为"鸟类的乐园"，繁茂的水草为鸟类筑巢和躲避天敌提供了方便；生活在湿地里的鱼类和虫类，为鸟类提供了吃不完的食物。丹顶鹤、白鹭、大鸨等鸟类常年出没在湿地里，为湿地增添了一道美丽的风景。

黑翅长脚鹬（yù）

水獭（tǎ）

湿地植物

  湿地里的植物往往长得非常茂盛。大部分植物都将根深深地扎入水中或者湿透的土壤里，将带叶的茎高高地挺出水面；有的根系不发达，靠宽大的叶片漂浮于水面上；也有的全株沉入水中，随水流轻轻浮动。常见的湿地植物有芦苇、香蒲、睡莲、浮萍、金鱼藻、野姜花、水花生等。

睡莲

35

18 多种多样的能源

在日常生活中，我们离不开燃气来生火做饭，离不开太阳能来加热水温，离不开电力来维持城市的正常运行……能源是我们生活的重要保障。那么，聪明的你知道世界上到底有多少种能源吗？古往今来，不同时期的人们又是依靠什么样的能源来生活的呢？今天，大家就一起来看看吧！

在几十万年前的原始社会，人们就开始通过燃烧**木材**来获得热量和光亮，烤制食物、驱赶野兽等，所以木材也就成为人类早期的重要能源。

随着社会的不断发展，木材的运用也更加广泛，煅烧矿石、冶炼金属、制造工具等都离不开木材的使用。可是，木材的大量使用也带来了一个极大的问题，那就是对环境的破坏。

人们发现并利用**水能**的历史由来已久，在古代的中国和埃及等地都先后出现了水车、水磨等利用水能的工具。水能为古时候的农业生产提供了非常便利的条件，到了工业革命之后，甚至还出现了大型的水利枢纽工程。不过，水能的应用会受到地理条件的限制，且相关的设施建设成本也比较高昂。

在生活实践中，人们逐渐发现，一些**动物、植物的油脂**除了可以食用外，还可以燃烧，且可以持续燃烧很长时间。到了 19 世纪，鲸油已经成为西方国家大部分家庭照明的材料，捕鲸业因此一跃成为全球化产业。虽然鲸油等动物油脂极大地便利了人们的生活，满足了生产需求，然而捕鲸业的兴起却给海洋生物带来了厄运，无辜的鲸鱼甚至一度面临灭绝的危险。

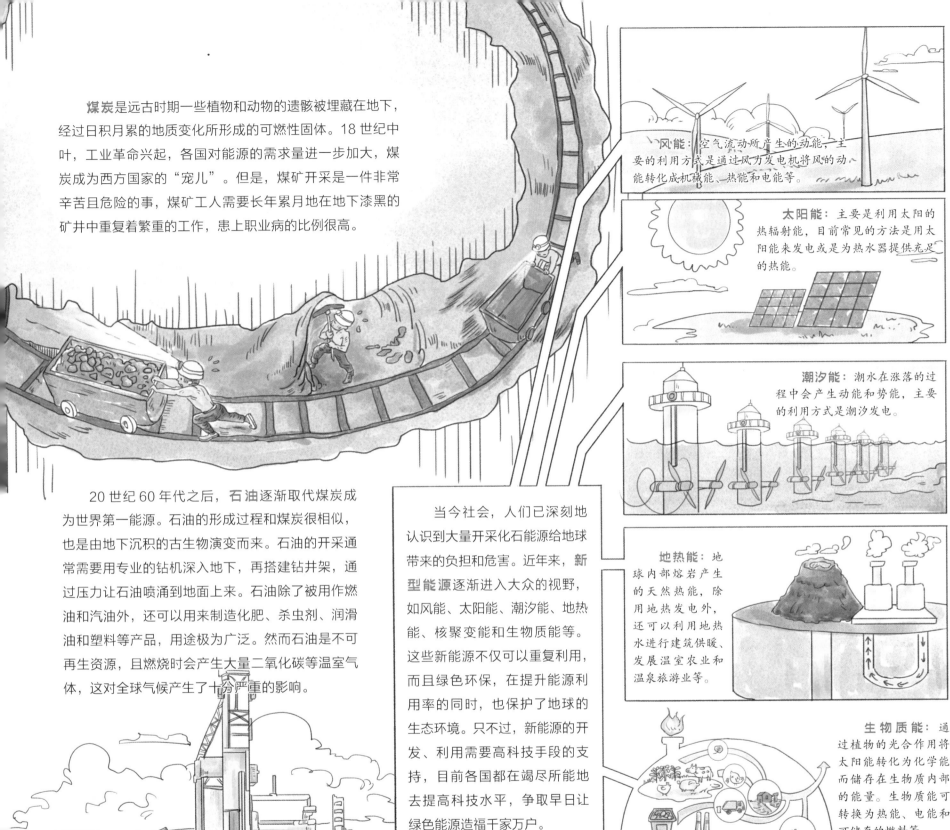

煤炭是远古时期一些植物和动物的遗骸被埋藏在地下，经过日积月累的地质变化所形成的可燃性固体。18世纪中叶，工业革命兴起，各国对能源的需求量进一步加大，煤炭成为西方国家的"宠儿"。但是，煤矿开采是一件非常辛苦且危险的事，煤矿工人需要长年累月地在地下漆黑的矿井中重复着繁重的工作，患上职业病的比例很高。

20世纪60年代之后，**石油**逐渐取代煤炭成为世界第一能源。石油的形成过程和煤炭很相似，也是由地下沉积的古生物演变而来。石油的开采通常需要用专业的钻机深入地下，再搭建钻井架，通过压力让石油喷涌到地面上来。石油除了被用作燃油和汽油外，还可以用来制造化肥、杀虫剂、润滑油和塑料等产品，用途极为广泛。然而石油是不可再生资源，且燃烧时会产生大量二氧化碳等温室气体，这对全球气候产生了十分严重的影响。

当今社会，人们已深刻地认识到大量开采化石能源给地球带来的负担和危害。近年来，**新型能源**逐渐进入大众的视野，如风能、太阳能、潮汐能、地热能、核聚变能和生物质能等。这些新能源不仅可以重复利用，而且绿色环保，在提升能源利用率的同时，也保护了地球的生态环境。只不过，新能源的开发、利用需要高科技手段的支持，目前各国都在竭尽所能地去提高科技水平，争取早日让绿色能源造福千家万户。

风能：空气流动所产生的动能，主要的利用方式是通过风力发电机将风的动能转化成机械能、热能和电能等。

太阳能：主要是利用太阳的热辐射能，目前常见的方法是用太阳能来发电或是为热水器提供充足的热能。

潮汐能：潮水在涨落的过程中会产生动能和势能，主要的利用方式是潮汐发电。

地热能：地球内部熔岩产生的天然热能，除用地热发电外，还可以利用地热水进行建筑供暖、发展温室农业和温泉旅游业等。

生物质能：通过植物的光合作用将太阳能转化为化学能而储存在生物质内部的能量。生物质能可转换为热能、电能和可储存的燃料等。

核聚变能：通过核反应从原子核中释放出来的能量被称为核能。核能又分为核聚变能和核裂变能，其中核聚变能相对清洁、安全。科学家目前正在努力研究可控核聚变，这是一种被全人类寄予厚望的未来能源。

37

19 "天才建筑师"河狸是如何筑堤的

相信很多居住在沿江沿海地区的小读者一定都见到过堤坝，这是聪明的建筑师们专门修建起来，用于防止洪水、海浪侵袭的重要建筑。可是你们知道吗，在自然界中也有这样一群天生的"建筑师"，它们凭借着自己的"天才头脑"筑起了一座座牢固的堤坝，其精细程度让我们叹为观止。所以，接下来我们就隆重有请动物界的"天才建筑师"——河狸出场吧！

你好呀！

兄弟，一天不见，你怎么长这么大了？

我可不是老鼠，我是河狸呀！

扁尾，有鳞

趾间有蹼

提起河狸，它是世界上第二大的啮齿目动物，体形仅次于水豚，主要分布在美洲北部，在欧洲和亚洲也有少量分布。它身披茶黑色的、滑溜溜的长毛，头短体长，配上一双黑豆似的小眼睛，乍一看，和老鼠非常相似。不过，老鼠的尾巴又细又长，而河狸的尾巴却是又扁又平，看上去就像一把桨。不过，你可别小看了这条尾巴，它可是河狸成为游泳健将的"大功臣"呢。

❷ 加工完木料后，河狸会想办法将木材运到施工现场。如果伐木地和施工地之间的距离过远，在陆地上行动迟缓的河狸就会挖一条"运河"，从水中将木材运到施工现场。

❶ 河狸一般会选择木材这种天然原料来修筑堤坝。河狸的门牙十分发达，只需2小时就能咬断一棵直径0.5米的树。在筑堤时，聪明的河狸会根据地势和河流宽度选择"建材"，然后凭借强悍的"伐木"能力，将咬断的树木加工成小型木料。

小小的河狸虽然貌不惊人，但筑堤的本领却是无人能敌。然而，好奇的你一定会想到这样一个问题：河狸筑堤是为了什么呢？答案其实非常简单，就是为了自我保护。原来呀，河狸的自保能力极弱，为了躲避天敌，它们一般会把巢穴的入口修建在水面之下。可是河水高度会随着季节变化而变化，一旦遇到枯水期，河狸的巢穴入口就会暴露在外面，引起天敌的注意。为了避免这种情况出现，河狸会通过修建堤坝来拦截水源，抬高水位，进而保护自己的安全。

还好我昨夜修好了河坝，不然现在就危险了。

❸ 在所有材料就位之后，"建筑师"河狸就可以大显身手了。它们会先将大的树干、树枝作为主框架，然后将小的树枝作为次框架，最后用树叶、泥土等材料填充树枝之间的缝隙。

目前，世界上最长的河狸堤坝总长约 850 米，是由几个河狸家族自 1975 年起联合打造的，使用了数千棵树，是不是很壮观呢？

修完堤坝后，河狸还会给自己修建一个像小岛一样的巢穴，这个巢穴可以通风，可以居住，还可以储藏食物。巢穴的入口在水下，必须潜水进入。这样的设计还可以抵御天敌，非常巧妙。

20 繁忙的自动化港口

亲爱的小读者们，你们知道吗？大约在几千年之前，港口就已经出现，并且成了货物运输的重要集散地。在西方，腓尼基人大约在公元前 2700 年就在地中海东岸兴建了西顿港和提尔港；而在东方，早在 2000 多年前的秦汉时期，广州港就是中国对外贸易的重要港口。

在当今社会，港口数量越来越多，规模也越来越大，每天都有无数货物从港口进进出出，不仅方便了我们的生活，也使世界更加紧密地联系在一起。你们想知道现在最先进的自动化港口是如何构成，又是如何运作的吗？那就让我们一起去一探究竟吧！

上海港位于中国大陆东西运输通道与海上南北运输通道的交会点，属于河口型的沿海港口。它的集装箱吞吐量多年位居世界第一、全球航线密度最大，与 200 多个国家和地区的 500 多个港口有着贸易往来，是著名的国际航运中心。

上海港又分为多个港区，洋山深水港就是其中之一，它是世界上最大的海岛型深水人工港。因为洋山港的突出贡献，上海港在 2021 年实现了集装箱吞吐量 4 700 万标准箱的突破。

其中的洋山港四期是一座"看不到人"的自动化码头，它在 2017 年年底开港投入试生产。洋山四期自动化码头采用"岸桥（远程操控双小车集装箱岸桥）+AGV（自动导引运输车）+ 轨道吊（自动操控轨道式龙门起重机）"的生产方案。

洋山深水港四期全景

洋山港四期的中控塔是整个码头为数不多有人的地方，这里是远程控制及调度中心，工作人员在这里通过 ECS 软件系统（设备控制系统）和 TOS 系统（码头操作系统）实现码头自动化。TOS 系统就像整个码头的"大脑"；ECS 系统使岸桥、集装箱卡车等设备不再需要人为驾驶。

半自动化过程　自动化过程　远程控制及调度中心

货车　自动化轨道吊　集装箱堆场　AGV　岸桥　运输船

首先，让我们来瞧一瞧这些大家伙，它们就是用来装货物的**集装箱**。因为轮船的载重量非常高，所以港口的集装箱所装载的货物重量一般都非常大。按照通用的国际标准，一个 40 英尺的平底集装箱能装下约 36 吨货物，大约是 10 头刚成年亚洲象的重量！

既然集装箱的体积和重量都十分庞大，那么想要搬动这些"庞然大物"，就必须依靠起重机的帮忙。这些在集装箱堆场间搬运货物的起重机名为"**轨道吊**"，是十足的"大力士"。

这些建在岸边的集装箱起重机名叫岸**桥**，又名桥吊，它们轻轻松松就可以完成集装箱从轮船到码头之间的搬运，是完成装卸作业的专业设备。

这种由锂电池驱动的自动导引运输车，又叫 AGV 小车。它除了能无人驾驶、自动导航、路径优化、主动避障外，还支持自我故障诊断、自我电量监控等功能。

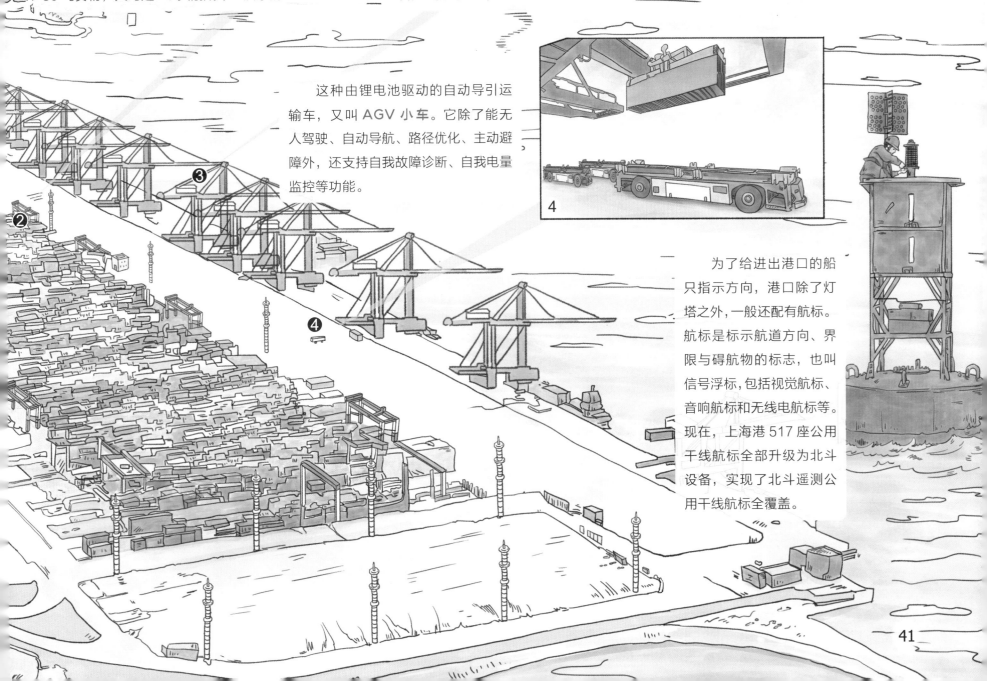

为了给进出港口的船只指示方向，港口除了灯塔之外，一般还配有航标。航标是标示航道方向、界限与碍航物的标志，也叫信号浮标，包括视觉航标、音响航标和无线电航标等。现在，上海港 517 座公用干线航标全部升级为北斗设备，实现了北斗遥测公用干线航标全覆盖。

21 一件文物的出土

亲爱的小读者们，你们参观过历史博物馆吗？博物馆中有各种各样的古代文物：有日常生活使用的锅碗瓢盆，有祭祀用的礼器，还有战争中使用的刀枪剑戟，等等。这些都是人类在历史发展过程中留下来的遗物、遗迹，已经成为历史，不可再重新创造，所以被称作文物。有许多文物深埋于地下，需要考古发掘才能与大家见面。接下来，就让我们一起到考古现场，见证一下文物是怎样面世的吧！

古墓里的陪葬品

地下为什么会有文物呢？

一方面是因为古代人认为，人去世后还要在冥界继续生活，所以古人尤其是古代贵族的陵墓中要放上很多的陪葬品，除日常用品外，还有金银玉帛等贵重物品和陪葬俑。随着时间的流转，这些就成了十分珍贵的历史文物。

另一方面是由于气候环境和地理环境等自然条件的变化，导致一些古城被掩埋进黄沙之中封存起来，多年后重见天日，就成了珍贵的历史遗址或遗迹。

重见天日的古城遗址

文物是如何被发现的呢？

据统计，在所有的考古遗迹中，大约有四分之一是因为自然原因或人类的其他活动偶然间发现的。比如，举世闻名的秦始皇陵兵马俑，就是因为当地几位农民在打井时，偶然发现了几件破碎的陶俑残肢，后经考古学家的勘探和挖掘，兵马俑这才重见天日。

发现

刮面

清土

测绘

墙面较干时刮面、画线很受干扰，要先喷水打湿。

钻探

考古发掘中，工作人员需要用到很多工具，比如：用来探测地下土层土质、了解底层信息的洛阳铲，用来测定物质中元素种类和含量的便携式X射线荧光分析仪，用来清理文物表面的刷子，用来保持土壤湿润的喷壶……

▶ 田野考古现场

挖方

发现遗迹后，考古专家们会迅速组成考古队来到发现地进行调查发掘。正式发掘前，会在遗迹现象比较集中的区域进行布方，然后，考古队员会在各自分配的探方内开始挖土，清理掉耕土层。

"探方法"是考古工作中最常用的发掘方法。如果你曾看过和考古有关的资料，就会发现一个有趣的现象：考古现场经常被分成了很多个方方正正的小方格，这些小方格就是"探方"。对每个"小方格"内出土的器物进行三维记录，可以为以后的研究和复原提供科学的数据。

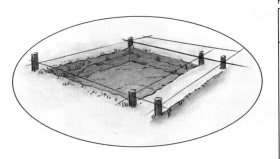

4米	1米	
隔梁	关键柱	一米
开始考古的发掘部分	隔梁	四米

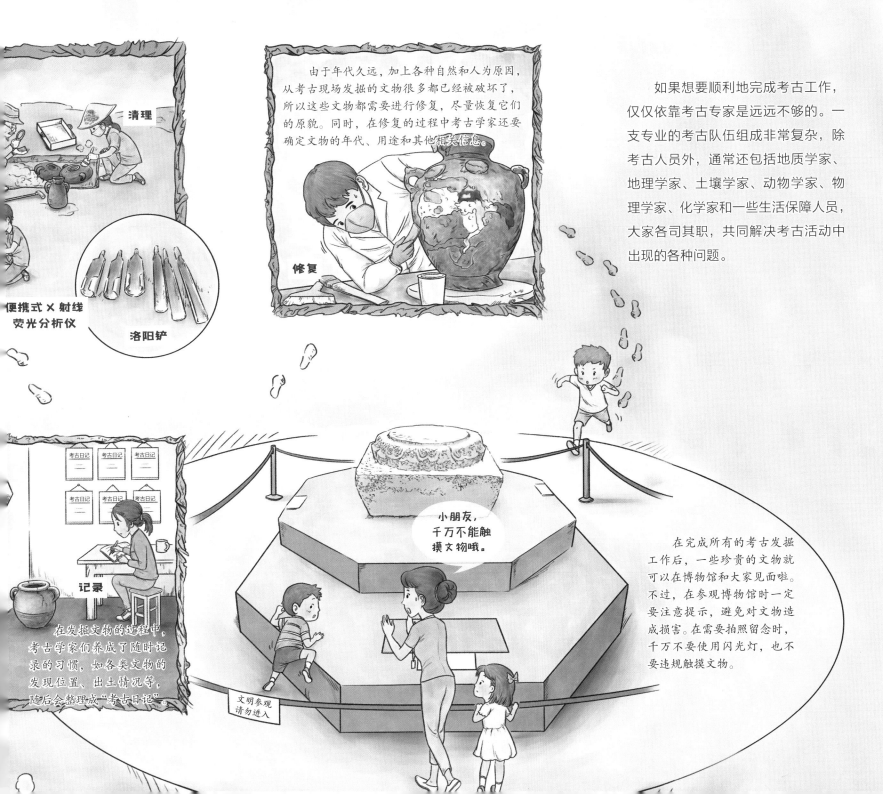

清理

便携式X射线荧光分析仪

洛阳铲

由于年代久远，加上各种自然和人为原因，从考古现场发掘的文物很多都已经被破坏了，所以这些文物都需要进行修复，尽量恢复它们的原貌。同时，在修复的过程中考古学家还要确定文物的年代、用途和其他相关信息。

修复

如果想要顺利地完成考古工作，仅仅依靠考古专家是远远不够的。一支专业的考古队伍组成非常复杂，除考古人员外，通常还包括地质学家、地理学家、土壤学家、动物学家、物理学家、化学家和一些生活保障人员，大家各司其职，共同解决考古活动中出现的各种问题。

考古日记

记录

在发掘文物的过程中，考古学家们养成了随时记录的习惯，如各类文物的发现位置、出土情况等，随后会整理成"考古日记"。

小朋友，千万不能触摸文物哦。

文明参观请勿进入

在完成所有的考古发掘工作后，一些珍贵的文物就可以在博物馆和大家见面啦。不过，在参观博物馆时一定要注意提示，避免对文物造成损害。在需要拍照留念时，千万不要使用闪光灯，也不要违规触摸文物。

22 城市是怎样运转的

亲爱的小读者们，你们有没有想过我们的城市是如何运转的呢？是谁为我们清理出干净的街道，是谁为我们提供了便利的交通方式，是谁给我们送来新鲜的瓜果蔬菜，是谁在默默保护着我们的生命财产安全，是谁为我们的健康保驾护航？城市由哪些区域组成，不同的区域有着什么样的功能？城市中的交通是如何运转的？今天，我们就一起来探究一下吧！

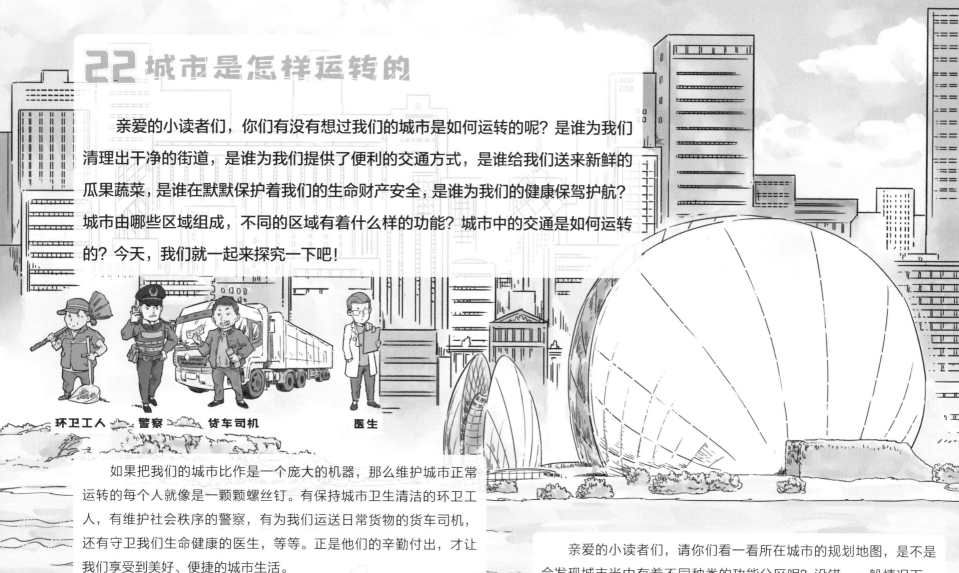

环卫工人　警察　货车司机　医生

如果把我们的城市比作是一个庞大的机器，那么维护城市正常运转的每个人就像是一颗颗螺丝钉。有保持城市卫生清洁的环卫工人，有维护社会秩序的警察，有为我们运送日常货物的货车司机，还有守卫我们生命健康的医生，等等。正是他们的辛勤付出，才让我们享受到美好、便捷的城市生活。

亲爱的小读者们，请你们看一看所在城市的规划地图，是不是会发现城市当中有着不同种类的功能分区呢？没错，一般情况下，城市在建设的过程中都会按照功能的不同进行区域的规划，主要包括行政区、商业区、住宅区、学校、医院、公园等。它们共同组建起了我们的城市，为我们提供了便利的生活条件。

行政区　商业区　住宅区　学校　医院

在日常生活当中，我们的城市不仅干净整洁，关键是还能"动"起来，而让城市"动"起来的就是便利的交通系统。城市内部的公共交通主要包括：公共汽车、地铁、轻轨、市郊铁路等，其中最为常见的就是地铁和公交。一般来说，公交车主要在地面道路上运行，可以为人们的出行提供便利。但有的时候，大家也会在乘公交时遇到堵车的情况，这时地铁的优势就体现出来了。地铁由于在地下轨道上有序运行，非常的快捷，很少有交通拥堵的情况。轻轨交通和市郊铁路等也大大方便了人们的出行。

公园

在节假日里，公园应该是爸爸妈妈带小朋友们经常去的地方，在这里有许多娱乐性设施，人们可以得到休闲和放松。城市中的大部分公园都会向市民免费开放。

公园也是城市绿地的重要组成部分，对城市的空气净化、生态环境改善、缓解城市热岛效应等有极大帮助。

45

23 居住地越来越大

亲爱的小读者们，你们是否常听自己的爷爷奶奶讲起从前的故事？那时的人们住在什么样的地方，过着怎样的生活，和我们现在的居住环境又有着怎样的差别？

今天，就让我们从更久远的从前开始追溯，去了解一下，人类的祖先是如何一步步从原始洞穴走向了高楼大厦，从乡野村间走向了现代化大都市。让我们翻开社会历史这本"巨著"，去看一看人类的居住地经历了怎样的变迁吧！

如果把时间追溯到几十万年以前，人类还处在原始社会，为了遮风避雨，原始人选择住在一些天然的山洞里。比如在北京周口店发现的"北京人"遗址，就位于龙骨山上的洞穴中。通过在洞穴中发现的遗迹我们可以知道，在这里居住的原始人已经懂得如何使用火，甚至还会用简陋的石器砍木柴、割兽皮。

随着早期人类的不断发展，他们的居住地也逐渐发生了改变。大约在6000年前，生活在黄河流域的半坡居民已经从天然的洞穴搬到了用茅草、泥巴建造的房屋里，开始了日出而作、日落而息的定居生活。他们以氏族或部落为单位，建立了村落。

进入21世纪，人类居住地的发展迈向一个新的台阶。

如今的人们，不管是居住在城市还是在乡村，都可以享受到便利的生活条件。在城市当中，因为注重绿化空间的规划，人们也不再受环境问题的困扰；而在乡村，基础设施的建设，农业生产的机械化，让宁静的乡村生活也变得舒适且便利。总而言之，因为科技的进步和社会的发展，人类的居住地也在不断拓展，生活质量也在向着更高的水平迈进。

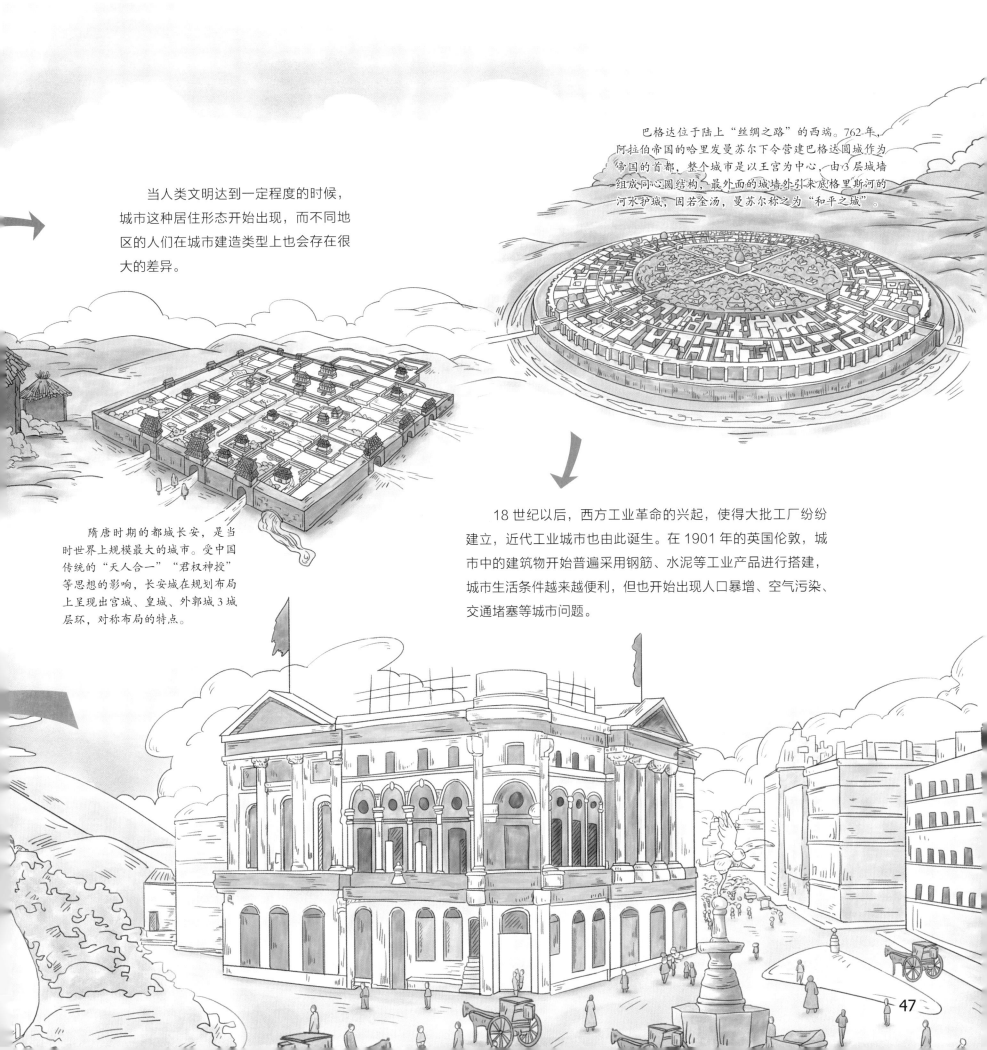

当人类文明达到一定程度的时候，城市这种居住形态开始出现，而不同地区的人们在城市建造类型上也会存在很大的差异。

巴格达位于陆上"丝绸之路"的西端。762 年，阿拉伯帝国的哈里发曼苏尔下令营建巴格达圆城作为帝国的首都，整个城市是以王宫为中心，由 3 层城墙组成同心圆结构，最外面的城墙外引来底格里斯河的河水护城，固若金汤，曼苏尔称之为"和平之城"。

隋唐时期的都城长安，是当时世界上规模最大的城市。受中国传统的"天人合一""君权神授"等思想的影响，长安城在规划布局上呈现出宫城、皇城、外郭城 3 城层环，对称布局的特点。

18 世纪以后，西方工业革命的兴起，使得大批工厂纷纷建立，近代工业城市也由此诞生。在 1901 年的英国伦敦，城市中的建筑物开始普遍采用钢筋、水泥等工业产品进行搭建，城市生活条件越来越便利，但也开始出现人口暴增、空气污染、交通堵塞等城市问题。

时光机，出发咯！

外星人？好神秘啊！

第一站
古埃及 胡夫金字塔
（约公元前 2560 年）

金字塔相传是古埃及法老的陵墓，到现在，现存的古埃及金字塔还有 100 多座。其中最大、最雄伟的一座是胡夫金字塔，于公元前 2560 年左右建成，塔高约 146 米，相当于 40 多层楼的高度。这座宏伟的金字塔花费了近 10 万工匠 20 余年的时间才建造完成。

由于建造难度实在太大，有人甚至认为，金字塔是外星人建造的。

公元前 292—前 280 年，人们在地中海的罗德港入口建造了一座巨大的太阳神铜像。这座铜像高约 110 米，脚踩港口两岸，往来的船只都要从下面经过。在建成约 50 年后，这座庞然大物就在一次地震中被摧毁了。

事实上，阿尔忒弥斯神庙曾多次被毁，又多次重建。

原来女神经历了这么多磨难呀！

24 古代的世界奇迹

我们居住的城市中有无数的高楼大厦，这些都是借助现代化机械设备完成建造的。你知道吗？在 2000 多年前，人类就已经建造了很多气势恢宏、构造奇特的伟大建筑，我们称之为"世界奇迹"。下面，就让我们跟随两位博学的导游，一起来完成一趟神秘的世界奇迹之旅吧！

他手里举着火炬，为过往的船只导航。

看我学得像不像？

第四站
古希腊 阿尔忒弥斯神庙
（约公元前 652 年）

第五站
古希腊 罗德岛太阳神铜像
（公元前 292—前 280 年）

在中国的崇山峻岭间，蜿蜒着一条巨龙，它是中华民族的象征，也是中国古代劳动人民智慧和汗水的结晶。这条"巨龙"始建于春秋战国时期，秦朝统一后连接和修缮战国时期各国长城，始有"万里长城"之称。以后各朝又陆续加固增修，汉、明两代还曾大规模修筑，使长城的总长度远远超过了万里。

关于长城的故事流传最广泛的要数"孟姜女哭长城"了。

第二站
中国 万里长城
（最早开始于公元前 700 年）

古希腊人为他们崇敬的狩猎女神阿尔忒弥斯建造了一座宏伟的神庙，修建时间前后长达 120 年。这座神庙的遗址就位于今天土耳其的塞尔丘克附近，如今只剩下一根用发掘出来的大理石拼成的石柱。

相传，在 2600 多年前，古巴比伦的国王尼布甲尼撒二世为心爱的王后建造了一座美丽雄伟的宫殿，里面种满了各种奇花异草，还有完整的供水系统。从远处看，整座宫殿就像建造在空中的花园一样，所以被人们称为"空中花园"。

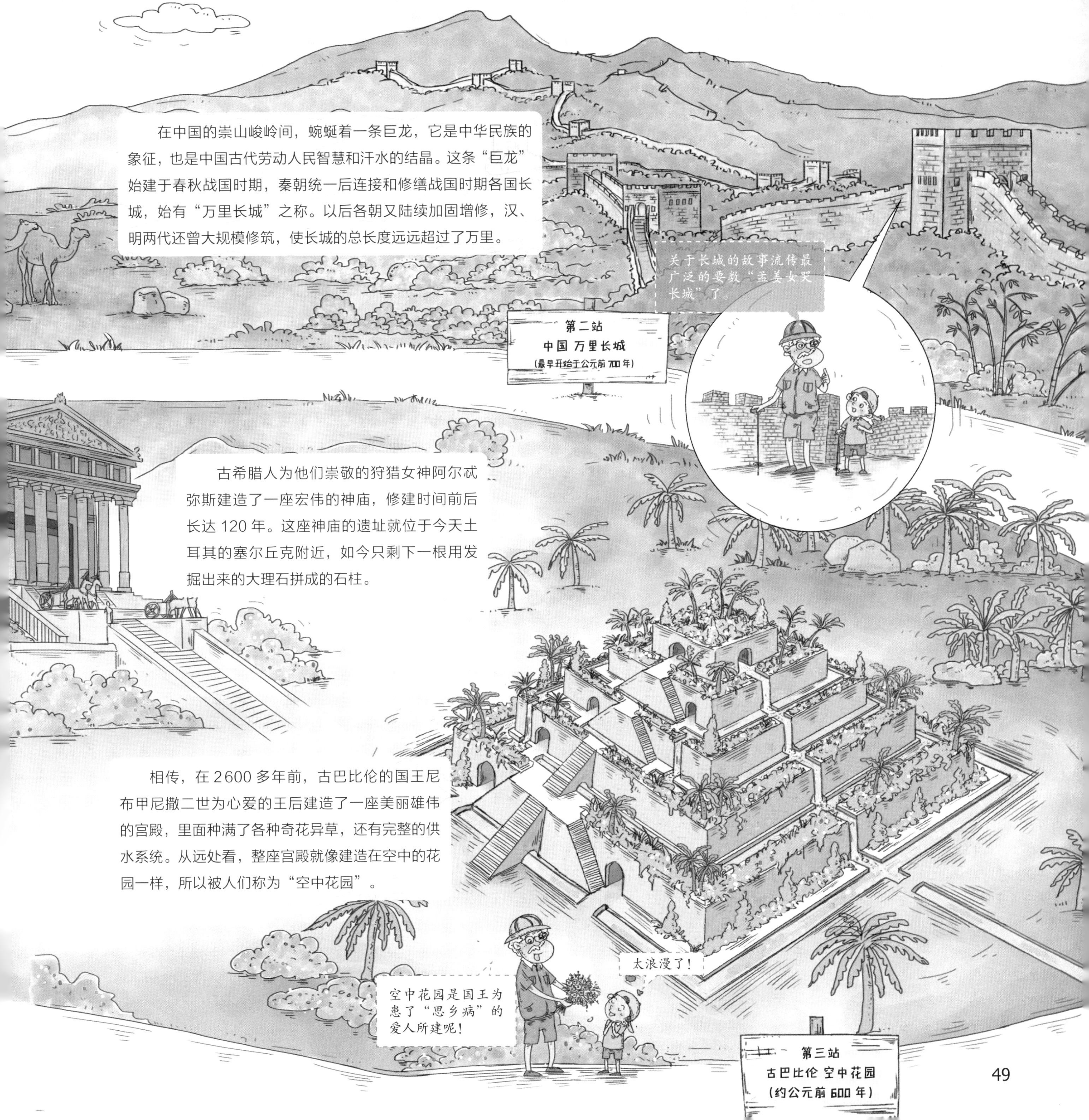

太浪漫了！

空中花园是国王为患了"思乡病"的爱人所建呢！

第三站
古巴比伦 空中花园
（约公元前 600 年）

49

下棋　踢球　骑马　跑步　跳舞

25 闲暇时间古人玩什么

现代人有非常丰富多彩的娱乐活动，在闲暇时间，喜欢运动的人可以选择出去爬山、踢球、打羽毛球；喜欢宅在家里的人可以选择玩游戏、看电视、唱歌……你总是能找到适合自己的娱乐方式。那么，在没有电子设备的古代，人们又是怎样娱乐的呢？

古代中国

投壶的历史非常悠久，最早可以追溯到先秦时期。投壶游戏是宴饮时的娱乐项目，由射箭演变而来，游戏规则非常简单：投壶人站在离壶一定距离的地方，只需要把手里的箭投进壶中即可得分。

"鞠"是用皮革制成的球，"蹴"是用脚踢，**蹴鞠**就是用脚踢皮球，是不是很熟悉？没错，蹴鞠这项运动跟现代的足球很相似。不过，早在2000多年前的战国时期，这项运动在中国民间就已经非常流行了。

冰嬉，顾名思义就是在冰上进行的娱乐活动。在明清时，冰嬉成为宫廷流行的体育活动。每年冬天，皇帝会从各地选拔出一千多名擅长滑冰的能手进行训练和比赛，选手们在滑冰的同时还要做出哪吒闹海、金鸡独立等高难度动作；有的还会携带道具，进行射箭、爬杆、弄幡等各种表演，难度系数简直满分！故宫博物院收藏的《冰嬉图》描绘的就是清代宫廷冰嬉表演的盛况。

在唐代，贵族们最喜欢的运动就是打**马球**了。想要参加这项运动，你的骑马技术必须非常好，在空旷的场地上，分成两队的游戏参与者骑在马上，用马球杆击打一个小球，把球打入对方球门即可得分，规定时间内得分多的队伍获得胜利。

百戏是古代民间表演艺术的泛称，包括杂技、舞蹈、魔术、武术、滑稽、音乐等多种表演。其中，杂技的类型尤为丰富多彩，除了吞刀、吐火、飞丸、柔术等表演外，演员们还会扮成各种动物、妖怪或神仙的造型，表演神话故事，非常热闹好玩。

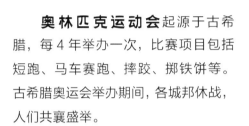
奥林匹克运动会起源于古希腊，每4年举办一次，比赛项目包括短跑、马车赛跑、摔跤、掷铁饼等。古希腊奥运会举办期间，各城邦休战，人们共襄盛举。

对于喜欢安静的人来说，**棋盘游戏**算是比较受欢迎的娱乐活动了。在3000多年前的古埃及，就流行一种"塞尼特棋"，这是一种类似"双陆棋"的棋盘游戏，连法老都爱不释手。

在非洲，最受欢迎的娱乐方式就是**唱歌**、**跳舞**了，那里的每个人都是天生的舞蹈家。每当夜幕降临，人们就会点燃篝火，用油彩在身上涂抹出各种符号和造型，围着篝火载歌载舞，消除一天的疲惫。

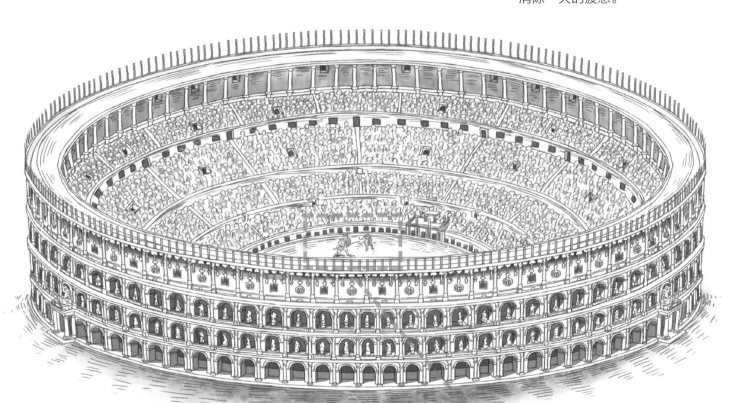

崇尚武力的古罗马人，非常喜欢观看**竞技表演**。为了更好地欣赏这项娱乐活动，罗马皇帝还专门在首都建造了一座巨大的圆形竞技场。这座竞技场占地面积约2万平方米，能够同时容纳9万名观众观看角斗士竞技或斗兽表演！

人类一直梦想能够像鸟儿一样在天空中自由自在地飞翔。1783 年 11 月，孟格菲兄弟在法国巴黎完成了第一次**热气球载人飞行试验**，人类的"飞天梦"才终于梦想成真。这次热气球在空中飞行了 25 分钟，最后安全降落。

我们将这样走到星星那边。

1909 年 4 月 6 日，皮尔里抵达北纬 90°。

1492 年 8 月，意大利航海家哥伦布受西班牙皇室派遣，率领船队向西出发横渡大西洋，2 个月后**到达美洲**。对欧洲人来说，美洲就是一块"新大陆"，不过，直到去世时，哥伦布一直以为自己到达的是印度。

几千年来，人们一直以为：大地是平的，天空就像是一个倒扣在地上的碗一样。直到 500 多年前，一位叫麦哲伦的葡萄牙航海家率领着西班牙船队完成了第一次**环球航行**，人们才逐渐相信，原来地球是圆的。他的船队从 1519 年 9 月 20 日出发，到 1522 年 9 月 6 日返回，一共航行了 1082 天，麦哲伦本人也在中途不幸逝世了。

你好，我叫罗伯特·皮尔里。

北极点是地球的最北端，它位于北冰洋的中心海域，一年四季都被冰雪覆盖着。1909 年，美国冒险家罗伯特·皮尔里率领探险队第四次出发，穿越 240 千米的冰原，成功登上北极点。

这是我个人的一小步，却是全人类的一大步。

珠穆朗玛峰位于中国和尼泊尔边境，是世界上海拔最高的山峰，高约 8 848.86 米。1953 年 5 月 29 日，新西兰运动员埃德蒙·希拉里在尼泊尔向导丹增·诺尔盖的陪同下，成功登上珠峰，成为征服世界最高峰的第一人。

月球上有什么呢？真的有美丽的嫦娥、捣药的玉兔和砍树的吴刚吗？

1969 年 7 月 16 日，美国 3 名宇航员乘坐"阿波罗 11 号"宇宙飞船飞往月球。7 月 20 日，登月舱成功降落在月球表面，次日，阿姆斯特朗走出登月舱，成为第一个在月球上行走的人。

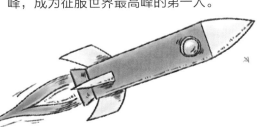

26 伟大的征服、伟大的探险

南极点是地球的最南端，常年被冰雪覆盖，人类很难在这里长期生存。1911 年 12 月 14 日，挪威探险家罗阿尔德·阿蒙森率领探险队，历尽千辛万苦，成功到达南极点，成为征服南极的第一人。

人类历史上有很多伟大的探险家，他们有的历尽千辛万苦，登上了世界最高的山峰；有的在冰天雪地中跋涉，到达地球的南北极；有的乘坐热气球，实现了人类的飞天梦……他们为我们打开了一扇又一扇紧闭的大门，也让我们知道了宇宙中许多不为人知的秘密。亲爱的小读者们，让我们跟随着探险家们的脚步一起去看看吧。

俄罗斯大部分领土地处高纬度，气候寒冷，俄罗斯的传统服饰也更注重抵御寒冷、防风保暖的作用。女性穿的鲁巴哈没有腰身，穿时需要束腰带。到了冬季，人们还喜欢穿一直垂到脚踝的皮毛外套。

14世纪的意大利，文艺复兴运动兴起，掀起了一阵反对宗教禁欲主义的风潮。富有的商人们喜欢把钱财花在一些价格昂贵、造型夸张的衣服上。

南宋末年，中国出了一个黄道婆，她引进并改良先进的棉纺织技术，让软和又舒适的棉布衣服开始盛行。

唐朝的服饰文化对日本服饰影响深远，日本平安时代开始盛行的女性传统服饰"十二单"，其颜色、花纹和穿搭方式上有诸多模仿、借鉴唐朝服饰之处。

唐朝服饰处于中国古服装的全盛时期，这一时男子常服的特点是幞头、领袍衫、革带和长靴（yào）靴；女子服饰雍容华贵、彩艳丽，妆饰也奇异纷繁令人目不暇接。

19世纪的欧洲，女性们为了使自己腰部看起来更细，身材显得更苗条，纷纷开始束腰。一些女性为了追求细腰而过分束腰，严重时甚至危害身体健康。

16世纪的英国，涌现出一大批绅士阶层，他们喜欢在肩部加衬垫，喜欢戴一种扁平的帽子；女士喜欢戴头巾，穿紧身胸衣凸显身材。

17世纪的英国，继续引领时尚潮流，这时男士中流行带着饰边的领子和带羽毛的宽大帽子，高筒靴也很受男士们的欢迎。

早期的饰品

人类最早的衣服是用树叶、树皮制成的,这种衣服虽然能起到一点保暖和保护身体的作用,不过效果实在有限,尤其是到了冬天。

后来,人们发现动物的毛皮有很好的保暖作用,还能在打猎时作为伪装。于是,就把毛皮制成了衣服。

古埃及人很早就开始利用亚麻纤维织布,那里的天气炎热,人们非常喜欢穿用亚麻制作的轻薄又透气的衣服。

在5000多年前,中国人就已经学会了养蚕取丝制成丝绸的方法。后来,丝绸通过"丝绸之路"远销罗马等地,受到世界各国人民的欢迎,丝绸也成为中国的标志性商品之一。

27 一场从远古走来的 T 台秀

人类文明的发展史也是服饰的进化史。

远古时期,人类经历了很长一段时间的裸奔时代。随着文明的发展,人类又经历了草裙时代、兽皮时代和织物时代;在服饰功能上也经历了从早期的追求实用保暖到后来的注重美观时尚的变化。在漫长的服饰进化史中,世界各地的人们创造了丰富多彩的服饰文化。在这里,就请大家欣赏一场从远古走来的世界服装 T 台秀。

20世纪初,大礼帽和燕尾服成为男士参加庆典、婚礼等场合的标准服装,女士多以礼服为主。

正式场合穿西装,成为国际流行趋势。

超短裙和长风衣登上了历史舞台。由于价格便宜、穿着舒适、容易清洗,人造纤维制造的衣服受到人们的欢迎。

现在,服装的样式和风格更加不拘一格、丰富多彩,人们在穿衣上更加追求自由和个性化。

服装的历史,就是文化的历史、美的历史!

28 欢迎来到世界美食大赛

亲爱的小读者们，你们知道世界各地的代表性美食是什么吗？你们知道中国的美食有什么特点吗？你们知道这些美食的背后有着怎样的历史渊源吗？今天，就请大家去观看一场世界美食大赛，让我们亲临美食比赛现场来感受各色美食的独特魅力吧！

首先我们看到的是**中国选手**，他们正在用面粉和大米制作两道不同的食物：面条和米线。

在中国北方，人们习惯将小麦、玉米等磨成面粉作为日常主食，智慧的北方先民们发明了许许多多各具特色的面食，如油泼面、肉夹馍、烙饼等。而在南方，人们多以稻米为主食，饱满晶莹的米粒同样也变化出不同的形态，如米线、肠粉、米粑等。你瞧，两位选手所制作的菜肴，不正是中国南北特色的展现吗？

看过了中国选手的精彩表现，我们再来瞧一瞧来自**地中海地区选手**们的作品吧。

地中海沿岸独特的地理条件和气候环境，催生了享誉世界的美味佳酿——葡萄酒。

除葡萄酒外，地中海地区还盛产橄榄油、羊奶酪、坚果等特产，以及欧芹、百里香、迷迭香等香料。智慧的地中海居民，用这些材料制作出丰富的日常饮食，比如菲达奶酪、菠菜派、海鲜饭、蔬菜杂烩、巴克拉瓦……这些美食不仅味道鲜美，而且十分营养健康，所以地中海地区也成了"世界长寿之乡"的代表。

米线

面条

海鲜饭

牛排

菠菜派

咖喱饭

印度飞饼

再来这边看一看**印度选手**们烹制的美食，咖喱是印度人最喜欢的食物，它是将许多香料放在一起煮出来的。大部分印度人都不吃猪肉和牛肉，他们在食材的选择上一般是鸡肉、羊肉、海鲜和各类蔬菜，咖喱的辛辣和香味可以遮住羊肉的膻味。

哪里飘来这么浓郁的烤肉香味？原来是来自**中东地区选手们**烹制的土耳其烤肉呀。如此令人垂涎的土耳其烤肉背后还有一个有趣的小传闻：

13世纪，土耳其人建立起一个多民族国家——奥斯曼帝国，而举世闻名的土耳其烤肉就诞生在奥斯曼帝国的宫廷之中。当时的宫廷御厨为了满足贵族们对饮食的高要求，采用烤制的方式制作肉类，其味道鲜美、口感酥嫩，深受喜爱。后来，这种快捷、方便的烤肉方式流传到了民间，又从土耳其流传至其他国家，最终风靡全世界。

在中东地区，除烤肉之外还有很多美味佳肴，比如鹰嘴豆泥、羊肉抓饭、百里香烤饼、薄荷叶沙拉等，这些美食独具特色，在全世界享有盛名。

最后，让我们一起来看看与中国一衣带水的邻国——**日本的选手们**为我们呈现的菜品吧！回顾历史，江户时代是日本封建社会非常繁荣的一个时代，而这一时代最值得一提的海洋美味，就是蒲烧鳗鱼了。今天，日本料理凭借精致的摆盘和鲜美的食材让越来越多的人沉迷其中，其代表主要有刺身、寿司、天妇罗、乌冬面等。你瞧，那边的评委们正吃得津津有味呢！

土耳其烤肉

天妇罗

寿司拼盘

蒲烧鳗鱼

金枪鱼刺身

当你读到这里，我们这场美食大赛也就接近尾声啦！不过，世界之大，无奇不有，还有更多奇特的美味佳肴等待着你们去探索。相信终有一天，你会走遍世界各地，尝遍人间美食！

对现在的人们来说，生病了去医院就医是一种常识。然而，在几千年前，人们对疾病还没有明确的认知，认为人的生老病死都由神来主宰。因此，当他们生病时，就会去找巫师帮自己祛除身上的"邪祟"，所以巫师有时也被称为"**巫医**"。后来，即使认识到需要使用药物，巫医也会先用占卜的方式向神明请示。

别急，先让我问问老天爷。

我还有救吗？

巫医

在公元前2600年左右，古埃及的医学与巫术还没有完全分开，但已经诞生了第一位现代意义上的**医生**伊姆霍特普。考古学家从现存的纸草书文稿中发现了最古老的**医学文献**，其中记录了很多古埃及医学成果：外科手术病例、疾病分类和诊治方法、药剂配方等。

在埃及康翁波神庙的壁画中，发现了疑似外科手术用具的浮雕。

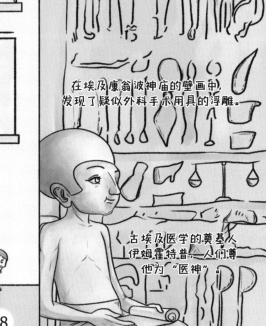

古埃及医学的奠基人伊姆霍特普，人们尊他为"医神"。

在春秋时期以前，中国的医学也是以巫医为主，后来巫医正式分家，医学开始不断进步，也出现了很多著名的医者。《史记》中记载的名医扁鹊，就是战国时期的秦越人。而东汉的医学家华佗，不仅精通养生、方药、针灸，还尤其擅长外科手术。他发明了麻沸散，开创了世界**麻醉药物**研制并用于手术的先河。

麻醉医生

传统**解剖学**的历史悠久，古埃及和古希腊都有关于人体解剖的研究，早在春秋时期，我国就有关于人体结构的记载。16世纪，比利时医生维萨里的《人体构造》一书问世，奠定了现代解剖学的基础，对现代医学的发展起了至关重要的推动作用。

人体构造

回顾我们刚刚讲述的这些知识，一些细心的小读者可能会有这样的疑问：不管是药物，还是手术，都只能治疗疾病，那有没有什么办法可以帮助人们预防疾病呢？

这个问题的答案是**疫苗**。18世纪，英国医生爱德华·詹纳从一位感染牛痘的挤奶女工手上提取了少量牛痘脓液，接种到一个8岁的健康男孩身上，男孩从此对天花病毒有了免疫力。牛痘疫苗算是世界上第一支真正意义上的疫苗。疫苗的原理其实就是往身体里注射灭活或减活的病毒，这对人体基本无害，还能让身体的免疫系统记住这种病毒，在下次病毒入侵时，快速地消灭它们。

29 几千年的求医路

2019 年年底，一场突如其来的新冠疫情席卷全球，这场战"疫"中，中国向世界展示了中国医疗的速度和力量，也提升了人们对现代医学发展前景的信心。不过，这些医疗手段和成果也并非一蹴而就的，而是历经数千年不断探索、积累而成。今天，我们就一起回顾一下几千年来漫长而艰辛的求医路吧。

当医疗水平进步到一定程度后，医生们就需要借助更先进的医疗技术和医疗仪器来对疾病做出更为精准的判断。

1895 年，德国物理学家伦琴发现了一种奇特的、可以穿透皮肉的光，这种光就是 **X 射线**。X 射线医学成像能够让医生更方便地探查患者体内的情况，由此引发了一场医学技术革命，开创了医学影像学。

在漫长的历史时期里，对人类健康威胁最大的敌人就是细菌。但长久以来，人类在与细菌的对抗中总是屡屡落败，无数人因为伤口感染而丢掉了性命。直到 20 世纪初，英国细菌学家弗莱明在一次偶然中发现了青霉素，自此，人类找到了对抗细菌感染的"利器"——**抗生素**。然而，抗生素是一把"双刃剑"，一旦使用不当，就会导致人体抵御细菌感染的能力下降，使人更容易生病。

20 世纪 50 年代，**超声诊断仪**开始用于临床。现在说的 B 超检查是利用超音波扫描人体后回声延迟时间的长短、强弱，"描绘"体内组织、器官的结构，从而反映出其健康状况。B 超不带任何辐射，非常安全，故经常用于产科检查。

20 世纪 70 年代，X 射线成像与电子计算机技术相结合，出现了 **CT 检查**（X 射线计算机断层成像），不仅对人体内的组织、器官看得更清楚，对人体的伤害也在减小。

30 自从有了电

亲爱的小读者们，如果让你们说出一个日常生活中最离不开的东西，你们会想到什么呢？有人可能会说是饮用水，也有人可能会说是天然气，还有人可能会说是太阳能……

我们今天要了解一种生活中时时刻刻为我们带来便利的事物，它看不见、摸不着，但我们生活中用到的所有电器都离不开它，没错，这个神秘嘉宾就是——电。接下来，就让我们了解一下电是怎么被发现和应用的，以及那些改变了人们生活的电器。

虽然现在我们对电的存在司空见惯，但是在 18 世纪以前，人们对电的了解并不多。那么，电是如何进入科学家们的视野中的呢？

这就不得不提到一次极其冒险的实验：1752 年的一个雷雨天，美国科学家富兰克林大胆地将一个一端系有铜钥匙的风筝放到云层中，当闪电掠过时他用手指轻触钥匙，恐怖的麻木感顿时传来。这个实验证明了闪电是一种电，并首次提出了"电流"的概念。

1866 年，德国电气工程师西门子在吸收、借鉴法拉第等前人研究成果的基础上，提出了直流发电机的工作原理，并发明了第一台实用型的**发电机**，投入使用后，电能开始被大规模应用，与电有关的电器也如雨后春笋般不断涌现。

早在 1840 年，英国科学家威廉·格罗夫就已经发明了白炽灯，不过这种灯只能使用几个小时。

1879 年，爱迪生在经过了很多次试验改良后，选用了高阻值的碳灯丝取代原来的灯丝，大大延长了**电灯**的使用时间。之后，爱迪生又尝试了竹丝、钨丝等材料，使灯泡的使用时间进一步延长。与此同时，爱迪生还开设电厂，架设电线，让电灯从实验室走入千家万户。

1925 年，英国科学家贝尔德发明了机械扫描电视机。1939 年，美国无线电公司推出了商品化的机械扫描黑白电视机，之后电视机迅速"走红"，走入千家万户。

"电"这一神奇的能源，也为人类科学事业的发展提供了动力。因为人脑的运算能力有限，科学家们就给自己发明了一个"助手"——电子计算机。

1946年，世界上第一台通用电子计算机ENIAC（电子数字积分计算机）诞生，它可以被反复编程，每秒钟可以执行5000次的加法运算，这在当时已经非常厉害了。

随着社会科技的不断发展，人们的生活节奏变得越来越快，大家也开始追求更加便利的生活方式。为了满足人们的这一需求，家用电器的发明开始日新月异，花样和种类都日趋繁多，电冰箱、空调、电饭煲等纷纷问世。

世界上第一台用电动机带动压缩机工作的**电冰箱**诞生于1923年，是由两位瑞典工程师发明的。后来一家美国公司买了他们的专利，并在1925年生产出第一批家用电冰箱。

1902年，威利斯·开利受委托为一家印刷厂设计降低空气湿度的设备。没想到，这种用冷却空气来降低湿度的设备附带的降温功用更加受欢迎。他干脆建了个公司，专门研发调节空气温湿度的设备，这便是现代意义上的**空调**的开端。但直到20世纪四五十年代，一体式的窗口式空调出现，家用空调才开始慢慢普及。

电饭煲这种利用电来煮饭的工具，是在1950年由日本一家运行通信工程的公司发明的。奇妙的是，他们并不是专门的家电或厨具研发公司，而仅仅是公司职员不想在做饭这件事上浪费工夫，所以偶然研发的。1955年，东芝公司打造了一款电气自动**电饭煲**，这是真正意义上的量产电饭煲。

31 "懒人"改变世界

相信很多小读者都听到过"勤劳致富",但好像从来没有人告诉过你,懒惰的人也同样能够改变世界。所以当你看到这个标题时,可能会非常诧异:"懒人"是怎么改变世界的呢?别着急,当你看完下面这些为了"偷懒"而产生的发明,也许就会得到想要的答案了。

在工业时代刚刚到来的时候,人们想要搬运货物可不是一件容易的事情,如果是要将沉重的物品搬到高楼上去,那就更要费尽周折了。面对工业生产中出现的运输货物难题,想要"偷懒"的人们开始积极地想办法,美国一位名叫奥的斯的机械师就在前人升降机的基础上发明了一种以蒸汽为动力的安全升降梯,并在 1853 年的纽约世博会上向大家展示了他的发明。

再后来,奥的斯凭借自己的智慧和远见,创办了一家**电梯**公司,先后发明出了载人电梯、液压电梯等多种类型电梯,改变了人们的生活方式。

到了 1880 年,德国的西门子公司发明了用电做动力的升降机,上下楼更方便了。

炎热的夏天,扇子给人们带来了习习凉风。但想"偷懒"的发明家就开始琢磨,有没有更舒适的方法能帮人们度过夏天呢?于是,在 1830 年,美国人詹姆斯·拜伦就从钟表的结构中获得灵感,发明了一台可以固定在天花板上、用发条来转动扇叶的机械风扇。

1880 年,美国人舒乐首次将扇叶装在电动机上,世界上第一台**电风扇**诞生了。从这张 1887 年的电风扇维修广告中我们可以看出,那时的风扇和现在的外形、结构已经很接近了。

小读者们在家有洗过碗吗?清洗这些"滑溜溜"的瓷碗、瓷盘时,一不小心就会出现"厨房事故"。19 世纪,美国一位名叫约瑟芬·科克伦的女士也面临着同样的苦恼,她家中的仆人总是在洗碗时打碎许多名贵的瓷器,这让她十分心疼。为此,约瑟芬发明了一台**自动洗碗机**,在经过不断尝试和改进后,她在 1886 年获得了洗碗机的专利。洗碗机一经面世,立刻广受欢迎,这为很多家庭主妇们减轻了负担,而约瑟芬女士再也不用担心自己的瓷器被摔碎了。

除了搬运东西和打扫卫生之外，过去洗衣服也不是一件容易的事情，很多厚重的衣服洗起来既费时费力，又难以清洗干净。在1874年，想"偷懒"的美国人比尔·布莱克斯就发明了一台木制的手摇洗衣机。

但手摇也好累呀，在1907年，美国一位名叫费希尔的发明家成功制造出了世界上第一台**电动洗衣机**。这台电动洗衣机在当时引起了社会的广泛关注。随着不断改进，到如今，洗衣机性能越来越完善，外观设计也越来越美观。

家里的地面隔几天不清扫，就会落下一层灰尘。1901年，塞西尔·布鲁斯发明了世界上第一台**吸尘器**，自此人们不用再为家中的除尘工作而烦恼。1908年，斯潘格勒推出了一台小型电动吸尘器，其创新之处在于电机和旋转刷头相连，大大提高了清洁效果，而且机器仅重18千克，还不到当时市面上同类产品的一半，女士使用起来也很轻松。

小读者们一定都知道要"爱护牙齿、勤刷牙"，有没有想过"偷懒"呢？世界上第一支**电动牙刷**，是在1954年由瑞士的一名医生发明的。不过，发明这支牙刷可不是因为医生想"偷懒"，而是为了给一些行动不便的人提供便利。

在此后的几十年里，电动牙刷获得了很多人的喜爱，成为生活中不可或缺的发明之一。

"偷懒"除了给生活带来便利，还提升了人们的生活质量，为生活增添了许多艺术的色彩。因为很多人"懒得"出门去听现场的音乐会，又想接受音乐的熏陶，爱迪生在1877年发明了世界上最早的**留声机**。留声机一经问世，迅速引起轰动，它不仅改变了人们的娱乐方式，也为后来一系列娱乐设备的出现提供了重要的借鉴意义。

这台留声机第一次播放的内容是爱迪生自己录制的歌曲，《玛丽有只小羊》中的两句歌词："玛丽抱着羊羔，羊羔的毛像雪一样白。"

在几万年前的原始社会，几乎没有任何通信手段，人们只能靠彼此之间的**叫喊**来传递信息。

回家吃饭!!

后来，随着社会的不断发展和进步，传递信息的手段也在进步。中国人在商周时期就学会了利用**烽火**来传递情报。人们在相邻的高冈上建造烽火台，一旦敌人来袭，就点燃提前准备好的干柴、狼粪等物，相邻的烽火台看到信号之后也会立刻点燃烽火，将情报依次传递下去。所以，"狼烟""烽火"在古代都代表着战争。

大约在4000年前，古埃及人就学会了驯养**鸽子**来传递情报。因为鸽子本身具有归巢性，总能记住自己回家的路。第二次世界大战期间，鸽子是战场上的"通信小能手"。在战争结束之后，英国为32只服役的信鸽颁发了迪肯勋章，嘉奖它们在战场上的卓越表现。

迪肯勋章是英国设立的颁发给动物的最高军事奖章。

书信投入邮局放置的邮箱中就会有专人来取走，经过分类、打包、运输等过程，最后送到收件人那里。

书信这种通信方式一直广受人们的欢迎，在古代，有专门的驿站为人们传递书信；到了19世纪，信使变成了邮递员，继续帮助人们传递信息、联络感情。

到如今，**手机**越来越智能，它就像一台装备齐全的微型电脑，不仅可以用于日常通话、短信编辑，还能通过软件进行视频，人们的通信更加及时、便捷了。

通信卫星是无线电通信的中继站，因为有它们和地面上的信号基站配合，手机的无线电信号才能正常传递。

32 千里眼和顺风耳

在古代神话传说当中，有两位本领高超的神仙：一个叫作千里眼，另一个叫作顺风耳。相传呀，千里眼仅凭一个眼神就能够看到几千里外的地方，而顺风耳支棱起一双耳朵就能听到几千里外的声响。在几千年前的古人眼中，这些都是神仙才能做到的事情，可是他们却想不到，随着现代通信技术的发展，只用一部简单的智能手机，就让我们今天每一个普通人都能摇身一变，成了"千里眼"和"顺风耳"。

到了 1973 年的时候，人们已经不再满足于有线电话，开始期待更加方便、快捷的通信方式出现。美国的摩托罗拉公司发明了一种**移动电话**，俗称"大哥大"。"大哥大"的诞生标志着人类进入移动通信时代。

喂！芝加哥。

电报问世后不久，**电话**也被发明出来了。1860 年，意大利人安东尼奥·穆齐发明了一套可以传输声音的装置，可惜通信效果不太好。1876 年 3 月，贝尔与他的同事试验了世界上第一台可用的电话机。等到 1892 年，纽约到芝加哥的电话线路正式开通，贝尔自告奋勇第一个试音，说了一句"喂，芝加哥"，从此，人类真正进入了电话时代。

19 世纪，随着电磁波的发现，人类通信手段的发展迎来了一次质的飞跃。1835 年，美国人摩尔斯发明了摩尔斯密码，并发明了用电流的"通断"和"长短"来传递信息的**电报机**。1839 年，英国出现了世界上第一条用于营运的电报线路。

33 世界房屋博览会

房屋不仅可以为我们遮风挡雨，还能让我们避开外界的打扰、享受生活。在前面，我们了解到了人类穿衣、吃饭的历史。接下来，我们将前往世界房屋博览会，一起去了解一下各个地区不同形态的特色房屋。

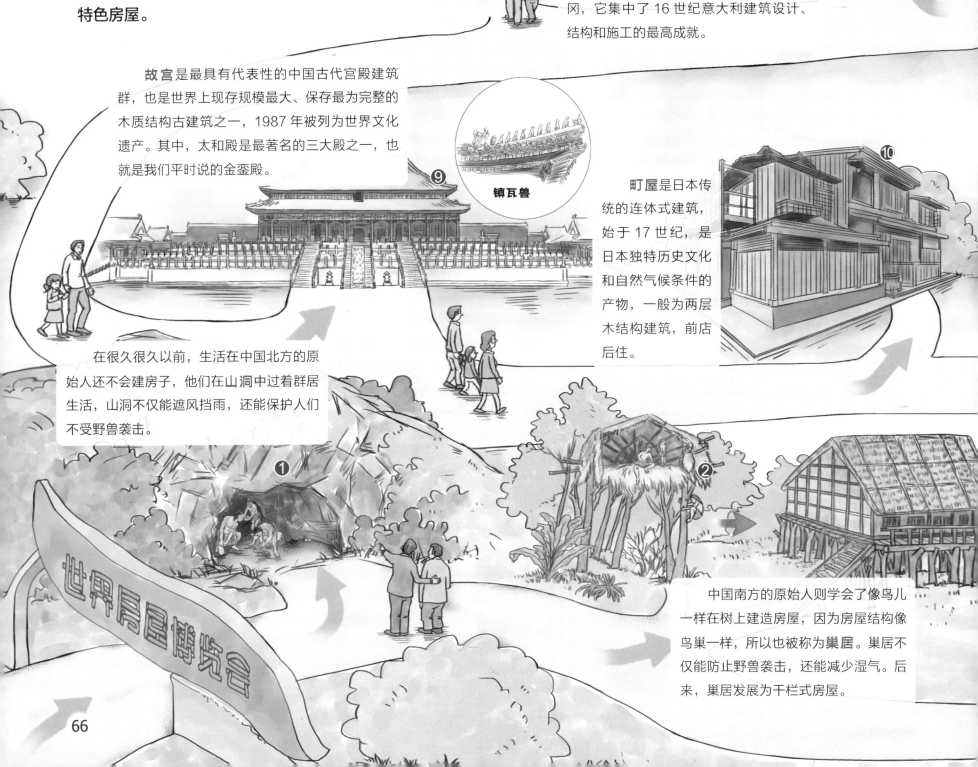

教堂是西方建筑的精华，现在世界上最大的教堂是圣彼得大教堂，坐落在梵蒂冈，它集中了 16 世纪意大利建筑设计、结构和施工的最高成就。

故宫是最具有代表性的中国古代宫殿建筑群，也是世界上现存规模最大、保存最为完整的木质结构古建筑之一，1987 年被列为世界文化遗产。其中，太和殿是最著名的三大殿之一，也就是我们平时说的金銮殿。

镇瓦兽

町屋是日本传统的连体式建筑，始于 17 世纪，是日本独特历史文化和自然气候条件的产物，一般为两层木结构建筑，前店后住。

在很久很久以前，生活在中国北方的原始人还不会建房子，他们在山洞中过着群居生活，山洞不仅能遮风挡雨，还能保护人们不受野兽袭击。

世界房屋博览会

中国南方的原始人则学会了像鸟儿一样在树上建造房屋，因为房屋结构像鸟巢一样，所以也被称为**巢居**。巢居不仅能防止野兽袭击，还能减少湿气。后来，巢居发展为干栏式房屋。

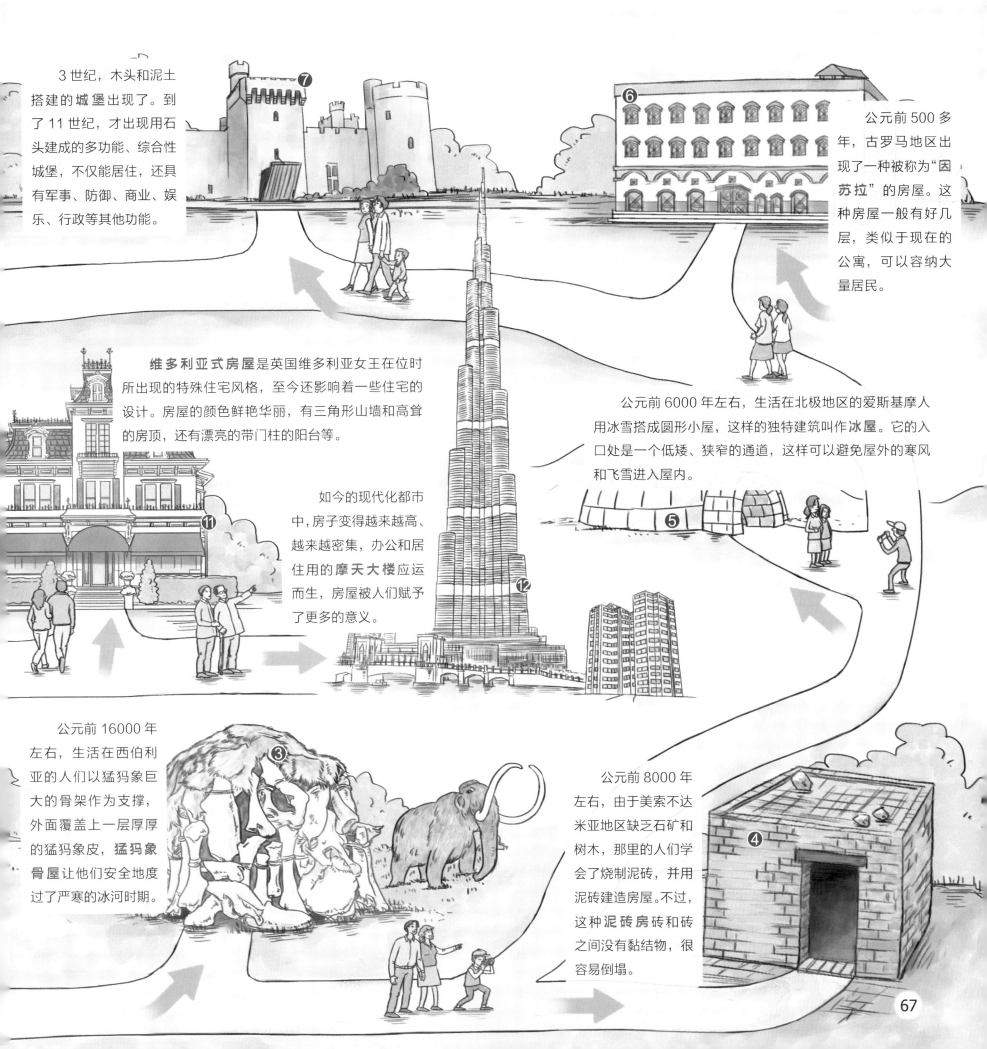

3 世纪，木头和泥土搭建的**城堡**出现了。到了 11 世纪，才出现用石头建成的多功能、综合性城堡，不仅能居住，还具有军事、防御、商业、娱乐、行政等其他功能。

❼

❻

公元前 500 多年，古罗马地区出现了一种被称为"**因苏拉**"的房屋。这种房屋一般有好几层，类似于现在的公寓，可以容纳大量居民。

维多利亚式房屋是英国维多利亚女王在位时所出现的特殊住宅风格，至今还影响着一些住宅的设计。房屋的颜色鲜艳华丽，有三角形山墙和高耸的房顶，还有漂亮的带门柱的阳台等。

❶❶

如今的现代化都市中，房子变得越来越高、越来越密集，办公和居住用的**摩天大楼**应运而生，房屋被人们赋予了更多的意义。

❶❷

公元前 6000 年左右，生活在北极地区的爱斯基摩人用冰雪搭成圆形小屋，这样的独特建筑叫作**冰屋**。它的入口处是一个低矮、狭窄的通道，这样可以避免屋外的寒风和飞雪进入屋内。

❺

公元前 16000 年左右，生活在西伯利亚的人们以猛犸象巨大的骨架作为支撑，外面覆盖上一层厚厚的猛犸象皮，**猛犸象骨屋**让他们安全地度过了严寒的冰河时期。

❸

公元前 8000 年左右，由于美索不达米亚地区缺乏石矿和树木，那里的人们学会了烧制泥砖，并用泥砖建造房屋。不过，这种**泥砖房**砖和砖之间没有黏结物，很容易倒塌。

❹

34 日行千里 so easy

原始社会，人们只能用双脚踩出小路，如今，我们已建成了四通八达的交通道路网。逢山开路，遇水架桥，我们人类正是依靠这样的精神，才成为"万物之灵长"。下面，我们将要了解的是人类道路交通的发展史。

最早的路是怎么来的呢？当然是人们用脚踩出来的。原始人日复一日沿着比较固定的路线去取水、打猎，那些经常走人的地方用不了多久就会被踩出一条条小路。

遇到小河时，砍倒一棵树就能制成简单的**独木桥**。

后来，宽大、坚固、美观的**石桥**出现了，桥存在的时间更久了，人们过河更便利了。中国的赵州桥是目前世界上现存年代最久远、跨度最大、保存最完整的单孔坦弧敞肩石拱桥。

除了陆上的路，还有水上的路。在水路交通体系中，**运河**的作用至关重要。

遇到悬崖峭壁时，**栈道**是最好的选择。人们在岩壁上凿孔、插入木梁，上铺木板或再覆土石而成为路。这种路架在高空中，是古代劳动人民勇气和智慧的结晶。

公元前486年，吴王夫差为了从水路北上中原争霸，调集了大量劳动力在长江与淮河间开凿一条沟通两大水系的运河，也就是邗（hán）沟。它是中国历史上第一条有明确文献记载的人工大运河，也是后来京杭大运河的重要组成部分。

当道路越来越多的时候，人们就发现，不同地方修建的道路有不同的标准。所以，为了保持全国范围内的道路畅通，统治者往往会很注意**公共交通设施和道路**的建设。

驿道是中国古代官方修建的通途大道，也被称为古代的"高速公路"。沿途按一定距离设置驿站，供传递军事情报、官府文书的人及往来官员途中食宿、换马、休息。

古代中国，秦始皇统一全国之后，下令以咸阳为中心，修建畅通无阻的**驰道**网，并统一了车轨的宽度。

罗马帝国时期，为了快速调动、转移军队，以罗马为中心修建了四通八达的**道路网**。那句非常有名的谚语"条条大路通罗马"就是由此而来，意思是：不管从帝国的什么地方出发，最终都能到达罗马城。

我们常说的**马路**，是在 19 世纪由英国人约翰·马卡丹发明的。那时工业的发展对交通运输的要求越来越高，约翰·马卡丹就设计了新的筑路方法：用碎石铺路，路中偏高，便于排水，路面平坦宽阔。后来，这种路便被人们称为"马卡丹路"，简称"马路"。这种筑路方法被全世界所采用，一直沿袭到今天。现在，人们还会在路面铺涂上柏油或沥青，使得路面更平整、结实，使用寿命更长。

火车因为速度快、运输能力强而受到了世界各国的欢迎，**铁路**也在全世界遍地开花。

1825 年，英国建成了世界上第一条公共铁路，也是在这一年，世界上第一列列车载着 450 名旅客，从达灵顿驶向斯托克顿，铁路运输事业由此开启了。

地铁是在城市中修建的速度快、运量大的公共轨道交通系统，具有节省土地、不妨碍其他车辆与行人、不受天气影响、对环境污染小等优点。

1863 年，英国伦敦的大都会地铁全线通车，它是世界上第一条**地铁线**，运行第一年就载运了 950 万人次的旅客，引得其他国家纷纷仿效。

随着科学的进步和社会的不断发展，现在的交通运输速度与规模已经达到了人们原来不敢想象的程度，出行也越来越便利，日行千里 so easy！

35 远隔千里，近在咫尺

前面我们了解了人类道路的发展历程，接下来，我们将继续了解和交通有关的内容——交通工具的发展史。从马车到汽车，从热气球到飞机，从独木舟到潜艇，人类海陆空都发明了什么有趣的交通工具，又有哪些有趣的故事呢？一起去看看吧！

1903 年，美国的莱特兄弟经过长期研究和试验，成功发明并试飞成功了世界上第一架**飞机**"飞行者一号"。

大约在 6 000 多年前，人们就经常把**滚木**垫在需要搬运的大物体下面，通过减小与地面的摩擦力来搬运物体。

马是古代很多文明中重要的交通工具，人们在滚木的启发下发明了更好用的轮子，又造出了车，**马车**这种运载工具就登上了历史舞台。

在南亚的很多国家，**大象**一直被人们当作载人和运输工具。

如果你在 18 世纪 60 年代的法国大街上看到一辆有着巨大"脑袋"、冒着浓烟、行驶缓慢的"三轮车"，千万不要惊讶，这是法国人库诺发明的世界上第一辆三轮**蒸汽汽车**。

1885 年，德国人戴姆勒和迈巴赫制造了一辆用内燃机驱动的**摩托车**，它是在自行车的基础上加装了汽油发动机和保持平衡的辅助轮。

1886 年，德国工程师卡尔·本茨为他发明的由汽油发动机带动的三轮机动车申请了专利，这是公认的世界上第一辆汽车。

1783 年，法国的孟格菲兄弟成功实现了**热气球**载人飞行，开启了人类飞行器的新时代。

明朝一个叫陶成道的万户，坐在一把绑了 47 支火箭的"**飞天椅**"上，手上拿着两个巨大的风筝，想要飞上天空。然而，试验失败，万户也献出了宝贵的生命。

1939 年，第一架**喷气式飞机**问世，人类正式进入喷气飞行时代。这种飞机靠喷气发动机作为动力来源，飞行速度更快。

最早，人们发现**树干**可以漂浮于水上，便借用它们渡河。

世界上第一辆**自行车**其实没有脚踏板，而是靠骑行者的两条腿作为动力。它是德国的工程师德莱斯发明的，被称为"跑步的机器"。

后来，人们把树干的中间挖空，制成了**独木舟**。

船的体形越来越大，还装上了帆，**帆船**可以借助风的力量前进。

世界上第一艘**潜水艇**是荷兰科学家科尼利斯发明的，它让人可以像鱼儿一样潜入水底。

世界上第一艘现代化**轮船**是美国工程师富尔顿发明的"克莱蒙特号"。

36 港珠澳大桥——桥梁界的"珠穆朗玛峰"

港珠澳大桥，就像是一条"纽带"，将香港、澳门与祖国内地紧紧相连！

这可不是一条普通的纽带，大桥全长 55 千米，从 2003 年 8 月项目启动，到 2018 年 10 月正式开通营运，足足花了 15 年的时间！它是中国乃至世界范围内规模最大、标准最高的跨海桥梁工程，堪称桥梁界的"珠穆朗玛峰"。

蜿蜒磅礴的港珠澳大桥由 3 座通航桥（青州桥、江海桥、九洲桥），4 座人工岛（蓝海豚岛、白海豚岛、香港口岸人工岛、珠澳口岸人工岛），一条海底隧道及连接桥隧、深浅水区非通航孔连续梁式桥和港珠澳三地的陆路联络线组成。

英国的《卫报》称赞港珠澳大桥为"新世界的七大奇迹之一"。这座桥还凭借高颜值和高技术含量，一路拿奖拿到手软！

其中，最有创意的设计就是"桥-岛-隧"结合的模式。来看看设计师是怎么说的吧！

当然不是！咳咳，这里主要是从航空和航海两方面考虑，此处临近香港国际机场，为了不影响飞机在航道中自由飞行，桥体高出海平面的高度不宜超过 88 米，同时需要保证巨型油轮可以顺利通过——综合考虑多种需求后，选择将桥梁中的一段设计为海底隧道，利用人工岛与大桥连接，"桥-岛-隧"相结合的独特建设方式成就了港珠澳大桥。

青州桥有 2 个桥塔，远远看去，像不像两个巨大的中国结？这个设计也表达了"三地同心"的寓意。

青州桥

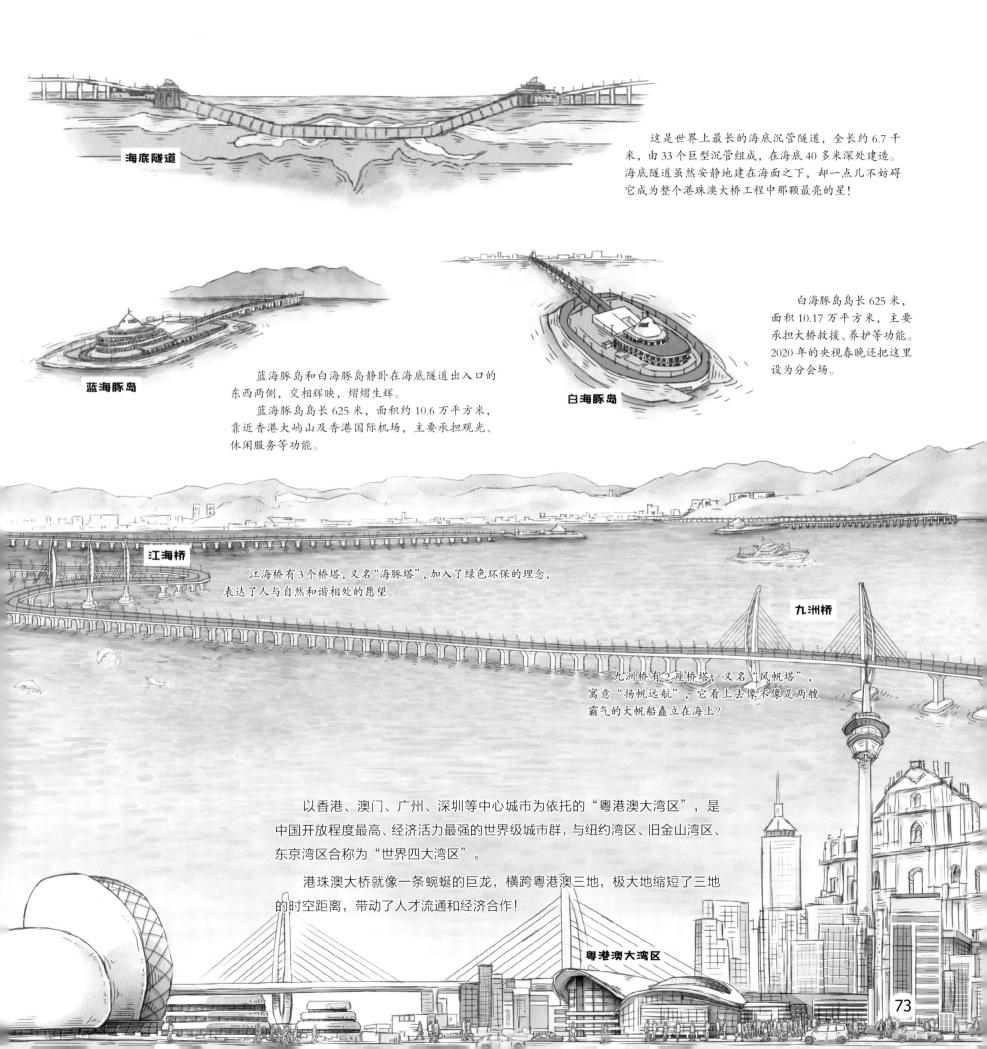

这是世界上最长的海底沉管隧道，全长约 6.7 千米，由 33 个巨型沉管组成，在海底 40 多米深处建造。海底隧道虽然安静地建在海面之下，却一点儿不妨碍它成为整个港珠澳大桥工程中那颗最亮的星！

海底隧道

蓝海豚岛

白海豚岛岛长 625 米，面积 10.17 万平方米，主要承担大桥救援、养护等功能。2020 年的央视春晚还把这里设为分会场。

白海豚岛

蓝海豚岛和白海豚岛静卧在海底隧道出入口的东西两侧，交相辉映，熠熠生辉。

蓝海豚岛岛长 625 米，面积约 10.6 万平方米，靠近香港大屿山及香港国际机场，主要承担观光、休闲服务等功能。

江海桥

江海桥有 3 个桥塔，又名"海豚塔"，加入了绿色环保的理念，表达了人与自然和谐相处的愿望。

九洲桥

九洲桥有 2 座桥塔，又名"风帆塔"，寓意"扬帆远航"，它看上去像不像是两艘霸气的大帆船矗立在海上？

以香港、澳门、广州、深圳等中心城市为依托的"粤港澳大湾区"，是中国开放程度最高、经济活力最强的世界级城市群，与纽约湾区、旧金山湾区、东京湾区合称为"世界四大湾区"。

港珠澳大桥就像一条蜿蜒的巨龙，横跨粤港澳三地，极大地缩短了三地的时空距离，带动了人才流通和经济合作！

粤港澳大湾区

37 "飞行" 的磁悬浮列车

亲爱的小读者们，你们坐过火车吗？高速列车时代，火车的时速已经超过 300 千米。而如今，世界上最快的磁悬浮列车，时速已经能够达到 600 千米，就像在铁轨上"飞行"一样。读到这里你一定会好奇了，磁悬浮列车到底有什么魔力，它又是怎么"飞"起来的呢？接下来，就让我们一起寻找答案吧！

相信很多小读者都玩过磁铁吧？磁铁分正极和负极，当两块磁铁的同极相互接近时，就会因互斥作用而"弹"开；而当异极靠近时，又会发生互吸的现象。后来，丹麦物理学家汉斯·奥斯特发现，电流也能够产生磁场，造成相斥或者相吸的结果。

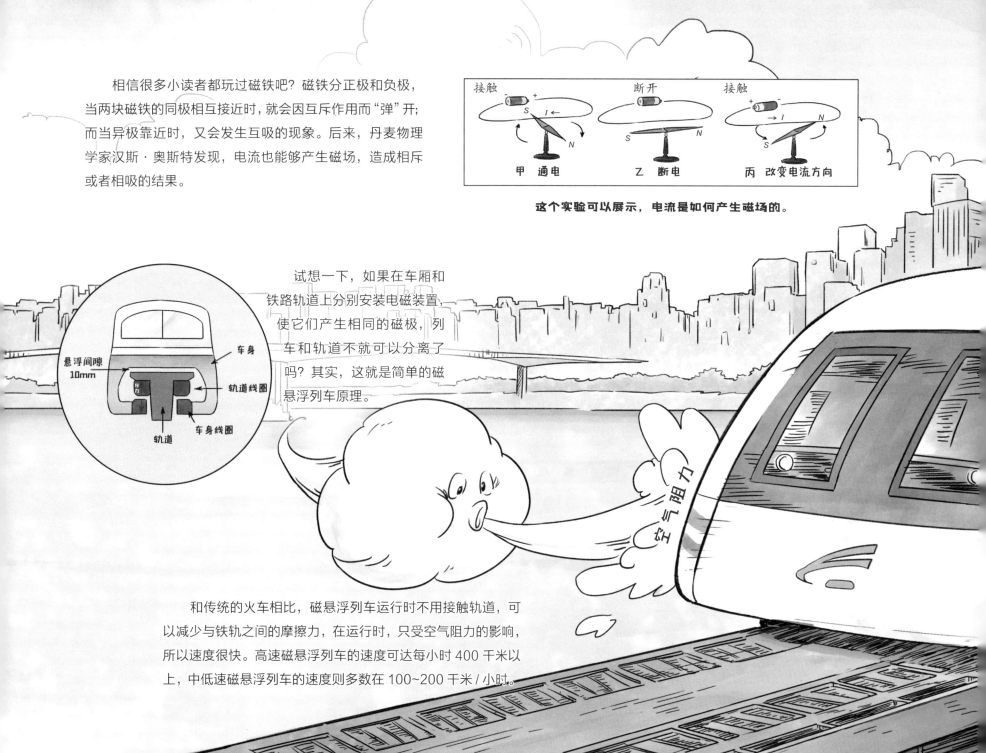

甲 通电	乙 断电	丙 改变电流方向
接触	断开	接触

这个实验可以展示，电流是如何产生磁场的。

试想一下，如果在车厢和铁路轨道上分别安装电磁装置，使它们产生相同的磁极，列车和轨道不就可以分离了吗？其实，这就是简单的磁悬浮列车原理。

悬浮间隙 10mm
车身
轨道线圈
轨道
车身线圈

和传统的火车相比，磁悬浮列车运行时不用接触轨道，可以减少与铁轨之间的摩擦力，在运行时，只受空气阻力的影响，所以速度很快。高速磁悬浮列车的速度可达每小时 400 千米以上，中低速磁悬浮列车的速度则多数在 100~200 千米 / 小时。

早在1984年，英国就建成了世界上第一条磁悬浮列车线路——伯明翰国际机场一线，全长600米，不过，这条线路的运行速度不快，已经在2003年被拆除。

2002年，中国建成了上海磁浮示范运营线，这是世界上第一条商业运营的高速磁浮列车线路，时速高达430千米。

今天，德国的磁悬浮列车最高的试验速度是550千米／小时，日本可以达到603千米／小时，而中国已经超越它们，建造了速度可以达到620千米／小时的高温超导磁悬浮列车，超导磁悬浮列车除了速度快之外，无论在噪声、震动还是消耗的能源方面，都比传统的磁悬浮列车表现好得多。

其实，磁悬浮技术的应用比我们想象的要早得多，也快得多。

转子
车体
定子
轨道

车体相当于电动机的转子
铁轨相当于电动机的定子

旋转电机　沿径向切开

列车悬浮起来后，还要有推动的力才能往前运行。磁悬浮列车的动力系统包括列车上的"转子"和铺设在轨道上的"定子"。当向"定子"输送电流时，列车就会像电动机上的"转子"一样，被推着向前运动。

由于磁悬浮列车是浮在空中的，所以为了保证列车的稳定运行，车辆侧面还安装了一组专门用于导向的电磁铁。当车辆发生左右偏移时，列车上的导向电磁铁就会和导向轨的侧面相互作用，使车辆回到正常位置。

磁悬浮
导向
推进
悬浮

38 飞往宇宙的边界

当你仰望星空时，有没有思考过这样的问题：天上的星星离我们有多远？月亮上到底有没有捣药的玉兔？地球是宇宙中唯一有生命的星球吗？其实，从古至今，有许许多多的人和你一样，也曾向着浩瀚的宇宙发出疑问，他们当中有的是科学家，有的是哲学家，还有的是文学家，大家通过不同的方式追寻着宇宙的秘密。今天，我们就一起借助科学的望远镜，来探索宇宙深处的奥秘吧！

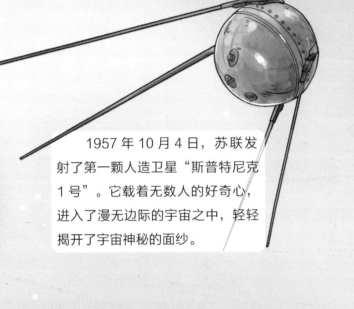

1957 年 10 月 4 日，苏联发射了第一颗人造卫星"斯普特尼克1 号"。它载着无数人的好奇心，进入了漫无边际的宇宙之中，轻轻揭开了宇宙神秘的面纱。

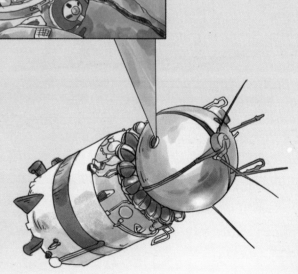

当人们对太空有了初步了解之后，更加大胆的想法出现了：我们人类可以亲身经历一次"太空之旅"吗？于是，在 1961 年4 月 12 日，苏联成功发射了世界上第一艘载人飞船"东方一号"，而幸运的宇航员加加林就躺在载人舱中随"东方一号"绕地球飞行一周，成为第一个进入外层空间的人。

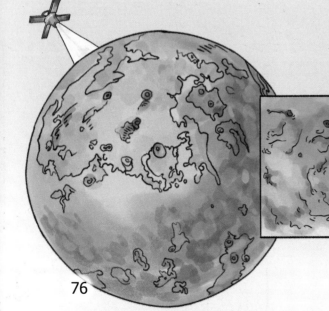

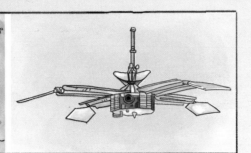

在成功把人送上太空之后，人类又对地球太阳系内的"邻居"火星着了迷。1964 年11 月 28 日，美国发射了"水手 4 号"火星探测器，这是人类历史上第一个成功飞越火星的探测器。而且，这位勇敢的"水手"还传回了火星表面的 22 张照片，让地球上的人们第一次见识到了火星究竟是什么样的。

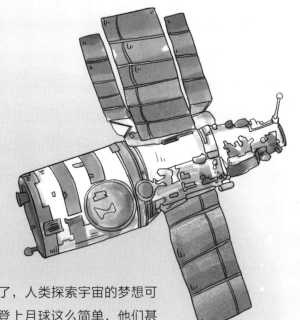

在 20 世纪的中期，美国和苏联为了争夺世界霸主的地位，相互之间在科技领域你追我赶。所以，当苏联成功发射了第一颗人造卫星和载人飞船之后，美国把探寻的目光凝聚到了月球之上。1969 年 7 月 21 日，美国宇航员阿姆斯特朗走出"阿波罗 11 号"飞船的登月舱，踏上了布满坑坑洼洼陨石坑的月球表面，留下了代表人类文明的足迹。

当然了，人类探索宇宙的梦想可远远不止登上月球这么简单，他们甚至畅想着在太空中建造温馨的家园。于是，1971 年 4 月 19 日，苏联发射了第一座空间站"礼炮 1 号"，可惜的是，这个"空中家园"仅仅运行 6 个月就坠落了。

很快，苏联又开始了新的尝试，美国紧随其后，人类的空间站时代开启了。

虽然在人类探索宇宙的漫漫征途中，有着无数的荣誉和成就，但是在人类的足迹之外，显然还存在着更多我们未知的秘密。为了让地球的文明，能够在浩渺的宇宙里留下痕迹，1977 年 8 月和 9 月，美国宇航局先后发射了两艘无人空间探测器"旅行者 2 号"和"旅行者 1 号"。从那时开始，这两位"旅行者"就开始了漫无归期的太空旅行。现在，探测器已经飞出太阳系，在太空中流浪，科学家预计，2025 年之后，探测器会因为动力耗尽彻底和地球失去联系。

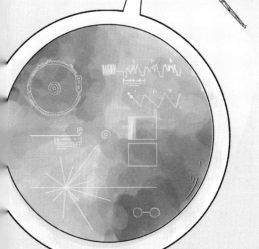

两位"旅行者"身上各携带了一张向外星人问好的唱片，内容是用 55 种人类语言录制的问候语和各类音乐，科学家还热心地在封面刻上了说明书。

1981 年 4 月 12 日，美国成功发射了第一架航天飞机"哥伦比亚号"。航天飞机是一种新型的多功能航天器，相当于火箭、卫星和飞机的综合体，可以重复使用，对于人们更进一步地探索宇宙起着重要的作用。

39 "玉兔"与"祝融"

亲爱的小读者们，今天我们要先来认识两位在中国神话中鼎鼎有名的人物：一位是月宫仙子嫦娥，另一位是火神祝融。相传，嫦娥幽居广寒宫，有一只美丽的玉兔相伴；而祝融则是炎帝的后代，传说中的火神。

不过，今天的重点可不是要给大家讲述这些古老的神话故事，而是要带大家一起去认识一下现代科技创造出来的"玉兔号"月球车和"祝融号"火星车。当古代神话人物真的开启他们的"太空之旅"时，又会发生什么有趣的故事呢？让我们去瞧一瞧吧！

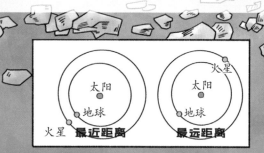

你知道地球和月球之间的距离有多远吗？实际上，这个数值并不是固定的。月球绕地球运转的轨道是椭圆形的，就像上面图中所示的那样，在近地点时，地月距离约为36万千米；在远地点时，地月距离约为40万千米，这个距离相当于需要一架时速800千米的民航飞机连续飞行500多个小时。

也许你觉得地月之间的距离已经非常遥远了，不过，要是与地球和火星的距离比起来，地月距离就有点"小巫见大巫"了。地球和火星的最近距离约为5500万千米，最远距离则超过4亿千米！4亿千米有多远呢？一架时速800千米的民航飞机大概需要飞行50万多个小时，也就是将近60年。

这样看来，要想从地球到达月球和火星可真不是一件容易的事情。但是，有一个厉害的"小家伙"却顺利地来到了月球上，它就是我们今天的主角之一"玉兔二号"月球车。为什么叫二号呢？因为它还有个姐姐叫"玉兔号"，已经完成任务光荣退休了。"玉兔二号"的整体工程叫"嫦娥四号"月球探测器，它由两个部分组成：登陆器和巡视器，"玉兔二号"就是其中的巡视器。正是依靠"嫦娥四号"的帮助，"玉兔二号"才能顺利开展月球探险之旅。

"嫦娥四号"登陆器

"玉兔二号"月球车

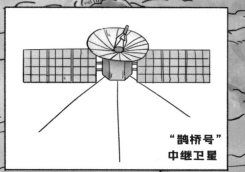

"鹊桥号"中继卫星

别看"小玉兔"长得憨态可掬，它可有一身的好本领。除最基本的全景相机之外，"玉兔二号"还装备了测月雷达、红外成像光谱仪与中性原子探测仪等先进设备，不仅可以感知和规划路径，巡视月球，开展天文观测和研究，还可以进行各种科学探测，并通过"鹊桥"系统把数据传回地球。

截至2021年4月6日，"嫦娥四号"和"玉兔二号"已经在月球背面度过了825个地球日，完成了很多重要工作，更加有趣的是"玉兔二号"在月球上的行动轨迹还组成了一个月饼的形状。

"祝融号"火星车

着陆平台

"祝融号"高1.85米，重达240千克，它的设计寿命是3个火星月，大概相当于在地球上的92天。

看完了月球上的"玉兔"，我们再把目光投向离地球更远的火星。正在火星上工作的这位"小伙子"，就是今天的第二位主角——"祝融号"火星车。经过漫长的太空旅行，2021年5月15日，"天问一号"探测器成功着陆火星；5月22日，"祝融号"火星车驶下着陆平台。"天问"是中国行星探测任务的名称，所以我国首次火星探测任务就命名为"天问一号"，这个名字来自屈原的长诗《天问》，也象征着中国人从古至今对宇宙的不懈探索。

"祝融号"结构图

"祝融号"搭载了6台十分先进的科学仪器，包括火星表面成分探测仪、火星气象测量仪等。

"祝融号"是中国第一辆火星探测车，它的任务是研究火星形貌与地质构造特征、火星表面土壤特征与水冰分布、火星表面物质组成和气候条件等，为后续的探索和研究做准备，可以说是个名副其实的先行者。截至2021年8月6日，"祝融号"已经在火星表面工作了82个火星日，第一批科学影像也已经成功传回了地球。

① "祝融号"眼中的世界　　②火星上的岩石　　③火星上的沙丘　　④猜猜看，这是什么呢？

40 空间站的一天

亲爱的小读者们，还记得我们前面说过的空间站吗？空间站就像是一座建在太空中的房子，可以支持航天员的长期在轨生活和工作。

中国自主设计建设的"天宫号"实验室系统，主要包括了载人飞船、货运飞船、2 个实验舱和 1 个核心舱，全面建成后可以满足太空实验的一系列需求。相信你一定很好奇：这座空间站里都有什么设施？航天员平时怎么吃饭，怎么睡觉，怎么洗澡？他们在空间站里做些什么？不要着急，接下来，就让我们跟随"神舟十二号"航天员们的脚步，一起去感受空间站里的一天吧。

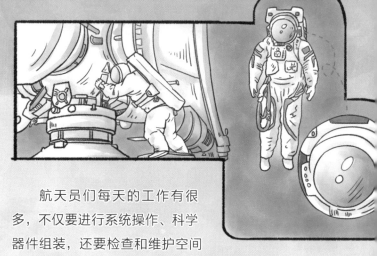

航天员们每天的工作有很多，不仅要进行系统操作、科学器件组装，还要检查和维护空间站的正常运行，必要时还要出舱进行工作。为了顺利完成出舱任务，科研人员给航天员们配备了一件神奇的衣服——"飞天"舱外航天服。尽管这件衣服重达 130 千克，但穿脱非常方便，而且具备多种功能，可以帮助航天员很好地应对太空中的环境。

你看，这座空间站由多个部分组成，它们可不是一起"飞"上天的哦，而是分批次进行发射，然后在太空中像拼积木一样拼接起来。

2021 年 4 月 29 日，空间站的天和核心舱成功发射，这意味着我国的空间站建设取得了关键性的成就。因为核心舱是空间站的主要控制节点，也是未来空间站的指挥控制中心。这里配置了工作区、睡眠区、卫生区、就餐区、医监医保区和锻炼区等六大区域，保证航天员在这里生活、工作两不误。

2021 年 6 月 17 日，我国又发射了"神舟十二号"载人飞船，与核心舱完成对接。飞船上载着 3 位航天员，他们在空间站中住了长达 3 个月的时间，中国自此正式进入载人太空常驻时代。

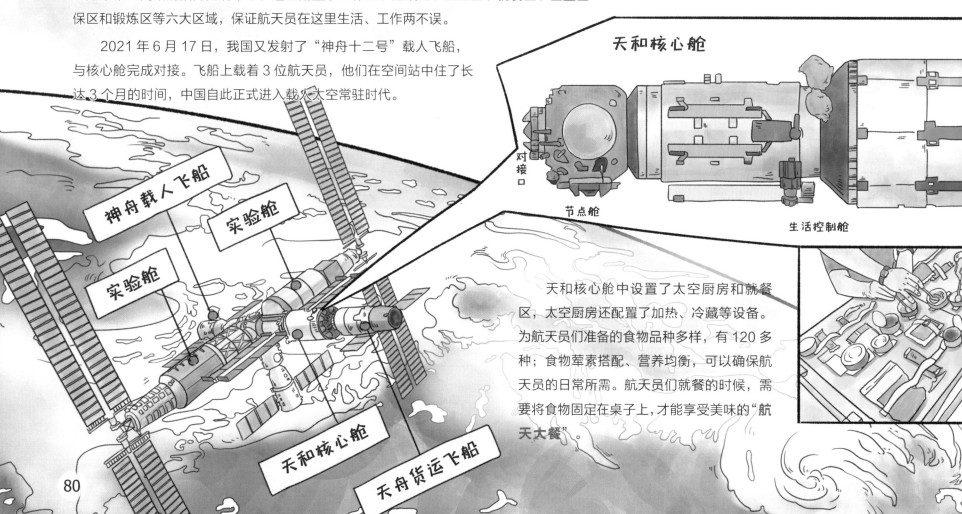

神舟载人飞船

实验舱

实验舱

天和核心舱

天舟货运飞船

天和核心舱

对接口

节点舱

生活控制舱

天和核心舱中设置了太空厨房和就餐区，太空厨房还配置了加热、冷藏等设备。为航天员们准备的食物品种多样，有 120 多种；食物荤素搭配、营养均衡，可以确保航天员的日常所需。航天员们就餐的时候，需要将食物固定在桌子上，才能享受美味的"**航天大餐**"。

工作之余，航天员还要时刻注意提升自己的身体素质。在中国空间站的核心舱中，专门为航天员们打造了锻炼区，提供了太空自行车、太空跑台、抗阻锻炼装置等。结束繁忙的工作之后，航天员们就需要**运动健身**，保持最佳身体状态。运动可以有效对抗失重给人体带来的一系列影响，如肌肉萎缩等。

"天宫号"空间站实现了 Wi-Fi **覆盖**、**终端联网**，同时还预留了一个通信信道，让航天员们可以和地球上的家人进行视频通话和聊天，并且具有绝对的保密性。不仅如此，航天员手持的超级终端还可以根据所处环境，切换工作模式、休息模式、运动模式等，不得不说这样的设计真是太贴心了！

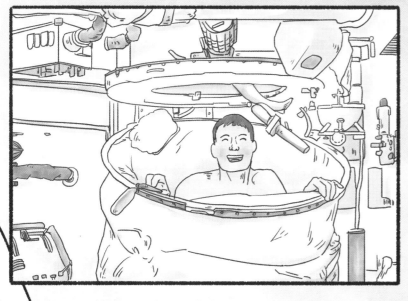

在航天员的日常生活中，当然还包括必不可少的环节——**洗漱**。航天员们的洗漱和我们可大不相同，因为在太空中如果对水资源处理不当，会出现十分严重的后果，所以航天员们只能在完全封闭式的一个"包裹式淋浴间"里进行洗浴，手持喷枪和毛巾对身体进行清洗。

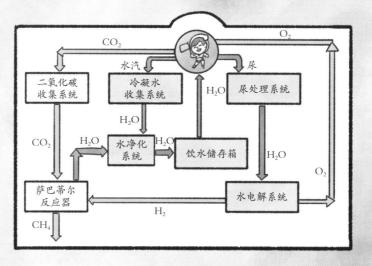

那些航天员们使用过的水会被收集起来，进入污水净化系统，经过处理后再进入**再生式生命保障系统**。这个系统可以净化废水，对水进行重复循环使用，而多余的废水则可以进行电解制氧，为空间站的氧气储备提供补充，最后多余的氧气、氢气、水以及人体排泄的废物还能够合成火箭燃料。

洗漱完后，航天员们就可以**睡觉**休息了。天和核心舱建造了 3 个睡眠区，航天员们不仅可以享受到独立的、可调温的睡眠区，还从曾经的"站着睡"变为现在的"躺着睡"，舒舒服服进入美妙梦乡，睡眠方式得到了改善。

图书在版编目（CIP）数据

孩子读得懂的万物简史 / 狐狸眼林果著 ; 刘文杰绘
. -- 北京 : 北京理工大学出版社, 2022.6
ISBN 978-7-5763-1230-0

Ⅰ.①孩… Ⅱ.①狐…②刘… Ⅲ.①自然科学史—
世界—少儿读物 Ⅳ.①N091-49

中国版本图书馆CIP数据核字（2022）第056869号

出版发行 / 北京理工大学出版社有限责任公司

社　　址 / 北京市海淀区中关村南大街 5 号

邮　　编 / 100081

电　　话 / （010）68914775（总编室）

　　　　　　（010）82562903（教材售后服务热线）

　　　　　　（010）68944723（其他图书服务热线）

网　　址 / http://www.bitpress.com.cn

经　　销 / 全国各地新华书店

印　　刷 / 唐山才智印刷有限公司

开　　本 / 787 毫米 × 1200 毫米　　1/12

印　　张 / 7.5　　　　　　　　　　　　　　　　责任编辑 / 李慧智

字　　数 / 120千字　　　　　　　　　　　　　　文案编辑 / 李慧智

版　　次 / 2022 年 6 月第 1 版　2022 年 6 月第 1 次印刷　　责任校对 / 刘亚男

定　　价 / 88.00元　　　　　　　　　　　　　　责任印制 / 施胜娟

图书出现印装质量问题，请拨打售后服务热线，本社负责调换